U0350031

何跃娟 陈国庆 吴亚敏 张薇 编著

大学物理教程学习指导

清华大学出版社
北京

内 容 简 介

本书与陈国庆、何跃娟等主编的《大学物理教程》配套。本书各章节顺序和主教材对应，共分9章，每一章均包括“基本要求”、“主要内容及例题”、“难点分析”及供学生课后练习的“练一练”，最后还附有自测卷。根据教育部高等学校教学指导委员会最新颁布的《理工科类大学物理课程教学基本要求》的精神，提出了教学基本要求，给出了主要内容及例题，并对每一章的学习难点进行分析，全书联系教学实际，注重实用性。

本书可作为高等学校理工科非物理类专业60～90学时大学物理辅助教学用书，也可供其他读者学习物理使用。

图书在版编目(CIP)数据

大学物理教程学习指导/何跃娟等编著.--北京：清华大学出版社，2013，1（2013.8重印）
ISBN 978-7-302-30793-8

Ⅰ．①大… Ⅱ．①何… Ⅲ．①物理学－高等学校－教学参考资料 Ⅳ．①O4

中国版本图书馆CIP数据核字(2012)第287021号

责任编辑：邹开颜 赵从棉
封面设计：常雪影
责任校对：王淑云
责任印制：沈 露

出版发行：清华大学出版社
网 址：http://www.tup.com.cn，http://www.wqbook.com
地 址：北京清华大学学研大厦A座 **邮 编**：100084
社总机：010-62770175 **邮 购**：010-62786544
投稿与读者服务：010-62776969，c-service@tup.tsinghua.edu.cn
质 量 反 馈：010-62772015，zhiliang@tup.tsinghua.edu.cn
印 装 者：三河市李旗庄少明印装厂
经 销：全国新华书店
开 本：165mm×225mm **印 张**：11.25 **字 数**：193千字
版 次：2013年1月第1版 **印 次**：2013年8月第2次印刷
印 数：3001～5500
定 价：22.00元

产品编号：048162-01

前言

本书是与陈国庆、何跃娟等主编的《大学物理教程》配套的辅助教材，适用于高等学校本科各专业学生60～90学时的大学物理课程的教辅用书。

大学物理是高等学校理工科各专业的一门重要的基础课，它对学生科学素质的提高、综合能力的培养、思维能力的训练等诸方面都起着重要的作用。近年来，高等学校中物理课程的设置也呈多样化，有些专业的大学物理的课时较少，为了使学生在较少学时的情况下能较深刻地理解物理概念，抓住每章的重点、难点，提高分析问题和解决问题的能力，把握学习的主动性，我们结合多年的教学实践经验，根据教育部高等学校教学指导委员会最新颁布的《理工科类大学物理课程教学基本要求》，编写了《大学物理教程学习指导》，作为《大学物理教程》教材的辅助配套用书。

本书作为教材的配套用书，紧贴教学实际，注重教学实用性，全书和《大学物理教程》配套共分9章，每一章均包括"基本要求"、"主要内容及例题"、"难点分析"及供学生课后练习的"练一练"。例题在求解前都有分析，有的例题后还增加了"注意点"和"拓展"，以便于学生更好地领会和掌握。每一章后面的"练一练"是考虑课时的分配，合理安排了题量，并附有答案。本书最后还配有自测卷两份，供学生学完后自我检测。自测卷还附有详细的解答及评分标准，供学生自测成绩。书中带星号(*)部分供学有余力的学生选学。

本书由江南大学理学院物理系组织编写，具体分工为：第1章和第8章由张薇编写，第2、3、4章由何跃娟编写，第5、6、7章由吴亚敏编写，第9章由陈国庆编写。全书由何跃娟、吴亚敏进行最后统稿。物理系的其他老师都参与了前期的讨论，提出了很好的建议，编者在此表示衷心的感谢。同时，感谢江南大学教务处领导和理学院领导的大力支持，感谢清华大学出版社邹开颜编辑对本书的出版作出的努力。

本书中少数插图及习题参考了一些大学物理教材，在此对相关作者表示感谢！

由于编者水平有限，书中定有不妥甚至错误之处，敬请批评指正。

编　者

2012年9月于无锡江南大学

目录

第1章 质点力学 时间 空间

一、基本要求

1. 通过质点概念的建立，理解理想模型法的意义。

2. 熟练掌握描述质点运动的四个物理量——位置矢量、位移、速度、加速度。

3. 理解运动方程的物理意义及作用，能熟练处理质点运动学两类问题：①已知质点运动方程确定质点的位置、位移、速度和加速度；②已知质点运动的加速度和初始条件，求其速度和运动方程。

4. 掌握曲线运动的自然坐标表示法。能熟练计算质点在平面内运动时的速度和加速度，及质点作圆周运动时的角速度、角加速度、切向加速度和法向加速度。

5. 了解惯性参照系及非惯性参照系的定义，了解牛顿运动定律的适用范围。正确理解力的概念。

6. 掌握几种常见的力（重力、弹性力和摩擦力）及力的分析方法。熟练掌握应用牛顿运动定律分析问题的基本思路和方法，能利用微积分求解一维变力作用下的质点动力学问题。

7. 掌握动量和冲量的概念，会计算一维变力的冲量。

8. 掌握动量定理和动量守恒定律，并能熟练应用。

9. 掌握功、功率和动能的概念，能计算直线运动情况下变力的功。

10. 掌握保守力做功的特点、势能的概念及物理意义，会计算引力势能、重力势能和弹力势能。

11. 掌握动能定理、功能原理和机械能守恒定律及其适用条件，并能熟练应用。

二、主要内容及例题

（一）描述质点运动的四个物理量

1. 位置矢量 $\boldsymbol{r}$

$$\boldsymbol{r}=x\boldsymbol{i}+y\boldsymbol{j}+z\boldsymbol{k} \tag{1-1}$$

物体运动时，位置矢量随时间而改变，即 $\boldsymbol{r}=\boldsymbol{r}(t)=x(t)\boldsymbol{i}+y(t)\boldsymbol{j}+z(t)\boldsymbol{k}$，此式称为运动函数或运动方程，其分量式为

$$\begin{cases} x=x(t) \\ y=y(t) \\ z=z(t) \end{cases} \tag{1-2}$$

从中消去时间参数 t，可得质点运动轨迹方程。

2. 位移 $\Delta\boldsymbol{r}$

$$\Delta\boldsymbol{r}=\boldsymbol{r}(t+\Delta t)-\boldsymbol{r}(t)=\Delta x\boldsymbol{i}+\Delta y\boldsymbol{j}+\Delta z\boldsymbol{k} \tag{1-3}$$

一般情况下，$|\Delta\boldsymbol{r}|\neq\Delta r$，如图 1-1 所示。

路程和位移不同，路程用 Δs 表示，一般 $\Delta s\geqslant|\Delta\boldsymbol{r}|$。

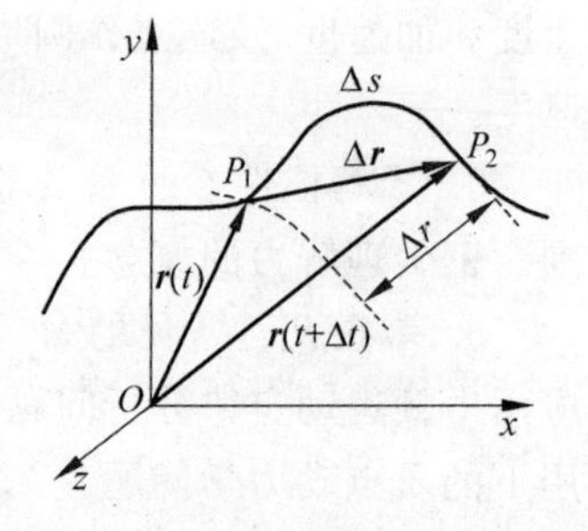

图 1-1

3. 速度 $\boldsymbol{v}$

平均速度

$$\bar{\boldsymbol{v}}=\frac{\Delta\boldsymbol{r}}{\Delta t} \tag{1-4a}$$

瞬时速度（简称速度）

$$\boldsymbol{v}=\lim_{\Delta t\to 0}\frac{\Delta\boldsymbol{r}}{\Delta t}=\frac{\mathrm{d}\boldsymbol{r}}{\mathrm{d}t} \tag{1-4b}$$

速度的大小即速率。瞬时速率（简称速率）

$$v=|\boldsymbol{v}|=\frac{\mathrm{d}s}{\mathrm{d}t} \tag{1-5}$$

4. 加速度 $\boldsymbol{a}$

平均加速度

$$\bar{a} = \frac{\Delta \boldsymbol{v}}{\Delta t} \tag{1-6a}$$

瞬时加速度(简称加速度)

$$\boldsymbol{a} = \lim_{\Delta t \to 0} \frac{\Delta \boldsymbol{v}}{\Delta t} = \frac{\mathrm{d}\boldsymbol{v}}{\mathrm{d}t} = \frac{\mathrm{d}^2 \boldsymbol{r}}{\mathrm{d}t^2} \tag{1-6b}$$

例 1-1　已知一质点的运动方程 $\boldsymbol{r}=at^2\boldsymbol{i}+bt^2\boldsymbol{j}$(其中 a、b 为常数),则该质点作何运动? 式中 r 的单位是 m,t 是单位是 s。

分析:质点运动的速度、加速度可通过对运动方程求导分别得出,而质点的轨迹方程为 $y=f(x)$,可由运动方程的两个分量式:$x=x(t)$,$y=y(t)$,从中消去时间 t 得到。

解答:因为速度 $\boldsymbol{v}=\frac{\mathrm{d}\boldsymbol{r}}{\mathrm{d}t}=2at\boldsymbol{i}+2bt\boldsymbol{j}$,与时间有关,可初步断定质点作变速运动;而加速度 $\boldsymbol{a}=\frac{\mathrm{d}\boldsymbol{v}}{\mathrm{d}t}=2a\boldsymbol{i}+2b\boldsymbol{j}$,与时间无关,故质点作匀变速运动。

由质点的运动方程可得相应的分量式

$$\begin{cases} x = at^2 \\ y = bt^2 \end{cases}$$

从上两式中消去时间 t 得轨迹方程 $y=\frac{b}{a}x$,这表明质点在 Oxy 平面上运动的轨迹是直线。

综合以上分析可知,该质点作匀变速直线运动。

注意:在分析质点作怎样的运动时,要从质点速度、加速度的特征及轨迹方程等几方面综合考虑再作判断。

例 1-2　质点作曲线运动,$\boldsymbol{r}$ 表示位置矢量,$\boldsymbol{v}$ 表示速度,$\boldsymbol{a}$ 表示加速度,s 表示路程,a_t 表示切向加速度,下列表达式:(1) $\mathrm{d}v/\mathrm{d}t=a$,(2) $\mathrm{d}r/\mathrm{d}t=v$,(3) $\mathrm{d}s/\mathrm{d}t=v$,(4) $|\mathrm{d}\boldsymbol{v}/\mathrm{d}t|=a_t$,哪个是对的?

分析:$\frac{\mathrm{d}v}{\mathrm{d}t}$表示切向加速度 a_t,它表示速度大小随时间的变化率,是加速度矢量沿速度方向的一个分量,起改变速度大小的作用;$\frac{\mathrm{d}r}{\mathrm{d}t}$表示质量到坐标原点的距离随时间的变化率,在极坐标系中称为径向速率;$\frac{\mathrm{d}s}{\mathrm{d}t}$在自然坐标系中表示质点的速率 v;$\left|\frac{\mathrm{d}\boldsymbol{v}}{\mathrm{d}t}\right|$表示加速度的大小而不是切向加速度。

解答：以上 4 个式子中只有第(3)个是对的。

（二）质点运动学的两类问题

1. 已知 $\boldsymbol{r}=\boldsymbol{r}(t)$，求质点的位置、位移、速度和加速度——求导。

2. 已知 $\boldsymbol{a}(t)$ 和初始条件 $\boldsymbol{r}_0$ 和 $\boldsymbol{v}_0$，求其速度和运动方程——积分。

例 1-3 (1) 如图 1-2 所示，对于在 Oxy 平面内以原点 O 为圆心作匀速圆周运动的质点，试用半径 r、角速度 ω 和单位矢量 $\boldsymbol{i}$、$\boldsymbol{j}$ 表示其 t 时刻的位置矢量。已知在 $t=0$ 时，$y=0$，$x=r$，角速度 ω 如图所示；(2) 由(1)导出速度 $\boldsymbol{v}$ 与加速度 $\boldsymbol{a}$ 的矢量表达式；(3) 试证加速度指向圆心。

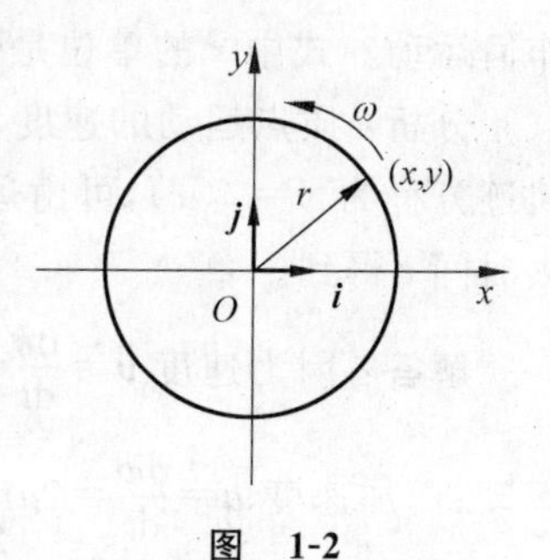

图 1-2

分析：该题属于运动学的第一类问题。首先应由题中已知条件写出质点运动方程，再由此求出描述质点运动的各个物理量。在确定运动方程时，用 $x=r\cos\omega t$，$y=r\sin\omega t$ 来表示圆周运动比较方便。

解答：(1) $\boldsymbol{r}=x\boldsymbol{i}+y\boldsymbol{j}=r\cos\omega t\,\boldsymbol{i}+r\sin\omega t\,\boldsymbol{j}$

(2) $\boldsymbol{v}=\dfrac{\mathrm{d}\boldsymbol{r}}{\mathrm{d}t}=-r\omega\sin\omega t\,\boldsymbol{i}+r\omega\cos\omega t\,\boldsymbol{j}$

$$\boldsymbol{a}=\frac{\mathrm{d}\boldsymbol{v}}{\mathrm{d}t}=-r\omega^2\cos\omega t\,\boldsymbol{i}-r\omega^2\sin\omega t\,\boldsymbol{j}$$

(3) $\boldsymbol{a}=-\omega^2(r\cos\omega t\,\boldsymbol{i}+r\sin\omega t\,\boldsymbol{j})=-\omega^2\boldsymbol{r}$

这说明 $\boldsymbol{a}$ 与 $\boldsymbol{r}$ 方向相反，即 $\boldsymbol{a}$ 指向圆心。

注意：描述质点运动的几个物理量(位矢、速度、加速度)都是矢量性，解题时应注意 r 与 $\boldsymbol{r}$、v 与 $\boldsymbol{v}$、a 与 $\boldsymbol{a}$ 的区别。

例 1-4 一质点沿 x 轴运动，其加速度大小为 $a=4t$，当 $t=0$ 时，$v_0=5\mathrm{m/s}$，$x_0=5\mathrm{m}$。求：(1)质点速度随时间的变化关系；(2) 质点的运动方程。

分析：该题属于运动学的第二类问题，即已知加速度求质点的速度和运动方程。由加速度定义有

$$a=\frac{\mathrm{d}v}{\mathrm{d}t}=4t \quad (\text{一维运动可用标量式})$$

对上式分离变量，再由初始条件积分，可得质点速度和运动方程。

解答：(1) 因为

$$a = \frac{dv}{dt} = 4t$$

分离变量得

$$dv = 4t dt$$

由初始条件积分：

$$\int_{v_0}^{v} dv = \int_0^t 4t dt$$

解得

$$v = v_0 + 2t^2 = 5 + 2t^2 (\mathrm{m/s})$$

（2）由速度定义

$$v = \frac{dx}{dt} = 5 + 2t^2$$

分离变量得

$$dx = (5 + 2t^2) dt$$

由初始条件积分：

$$\int_5^x dx = \int_0^t (5 + 2t^2) dt$$

解得

$$x = 5 + 5t + \frac{2}{3} t^3 (\mathrm{m})$$

注意：由 $a=\frac{dv}{dt}$ 和 $v=\frac{dx}{dt}$，可得 $dv=a dt$ 和 $dx=v dt$。如 $a=a(t)$ 或 $v=v(t)$，则可两边直接积分求出速度、运动方程；如 a 或 v 不是时间 t 的显函数，则应经过一些数学处理再积分求解。

例 1-5　一物体悬挂在弹簧上作竖直振动，其加速度为 $a=-ky$，式中 k 为常量，y 是以平衡位置为原点所测得的坐标。假定振动的物体在坐标 y_0 处的速度为 v_0，试求速度 v 与坐标 y 的函数关系式。

分析：该题属于运动学的第二类问题。与上题不同之处在于，本题给出的是加速度和位置的关系，因此要经变量代换、分离变量等数学处理，再积分求出结果。

解答：因为

$$a = \frac{dv}{dt} = -ky$$

作变量代换：

$$a=\frac{\mathrm{d}v}{\mathrm{d}t}=\frac{\mathrm{d}v}{\mathrm{d}y}\frac{\mathrm{d}y}{\mathrm{d}t}=v\frac{\mathrm{d}v}{\mathrm{d}y}$$

得

$$-ky=v\frac{\mathrm{d}v}{\mathrm{d}y}$$

分离变量可得

$$-ky\,\mathrm{d}y=v\mathrm{d}v$$

对上式积分，并代入初始条件 $y=y_0,v=v_0$，有

$$-\int_{y_0}^{y}ky\,\mathrm{d}y=\int_{v_0}^{v}v\mathrm{d}v$$

解得

$$v^2=v_0^2+k(y_0^2-y^2)$$

例 1-6 某物体作直线运动，其运动规律为 $\mathrm{d}v/\mathrm{d}t=-kv^2t$，式中 k 为大于零的常量。已知当 $t=0$ 时，初速度为 v_0，求速度 v 与时间 t 的函数关系式。

分析：本题属于运动学的第二类问题。由于已知$\frac{\mathrm{d}v}{\mathrm{d}t}=-kv^2t$，故分离变量后再由初始条件积分，即可求出结果。

解答：因为

$$a=\frac{\mathrm{d}v}{\mathrm{d}t}=-kv^2t$$

分离变量得

$$\frac{\mathrm{d}v}{v^2}=-kt\,\mathrm{d}t$$

由初始条件积分：

$$\int_{v_0}^{v}\frac{\mathrm{d}v}{v^2}=\int_0^t-kt\,\mathrm{d}t$$

解得速度 v 与时间 t 的函数关系式为

$$\frac{1}{v}=\frac{kt^2}{2}+\frac{1}{v_0}$$

（三）曲线运动的自然坐标表示　圆周运动

1. 自然坐标系中质点运动方程、速度、加速度

运动方程

$$s = s(t) \tag{1-7}$$

速度

$$\boldsymbol{v} = v\boldsymbol{e}_t \tag{1-8}$$

速率

$$v = \frac{ds}{dt}$$

切向加速度

$$\boldsymbol{a}_t = \frac{dv}{dt}\boldsymbol{e}_t = \frac{d^2 s}{dt^2}\boldsymbol{e}_t \tag{1-9a}$$

法向加速度

$$\boldsymbol{a}_n = \frac{v^2}{\rho}\boldsymbol{e}_n \tag{1-9b}$$

加速度

$$\boldsymbol{a} = a_t\boldsymbol{e}_t + a_n\boldsymbol{e}_n = \boldsymbol{a}_t + \boldsymbol{a}_n = \frac{dv}{dt}\boldsymbol{e}_t + \frac{v^2}{\rho}\boldsymbol{e}_n \tag{1-9c}$$

式中，ρ 为轨道曲率半径，如图 1-3 所示。

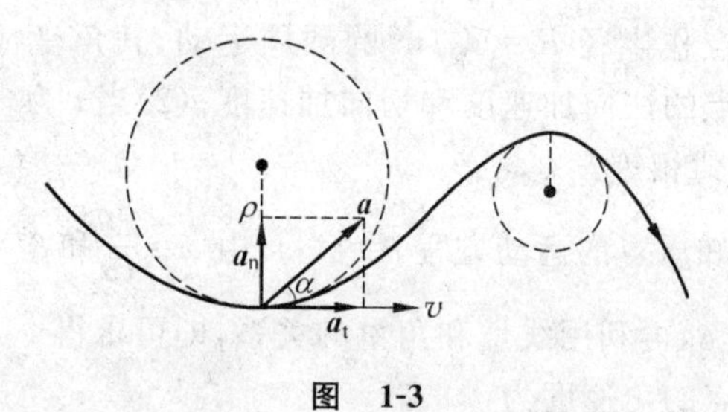

图　1-3

对圆周运动有

切向加速度大小

$$a_t = \frac{dv}{dt}$$

法向加速度大小

$$a_n = \frac{v^2}{R} \quad (R\text{ 为圆周半径})$$

加速度大小

$$a = |\boldsymbol{a}| = \sqrt{a_n^2 + a_t^2} = \sqrt{\left(\frac{v^2}{R}\right)^2 + \left(\frac{dv}{dt}\right)^2}$$

加速度方向

$$\tan\alpha = \frac{a_n}{a_t} \quad (\alpha \text{ 为 } a \text{ 与 } v \text{ 所成的角})$$

2. 圆周运动的角量表示　线量和角量的关系

角位置为 θ；角位移为 $\Delta\theta$。

角速度

$$\omega = \lim_{\Delta t \to 0} \frac{\Delta\theta}{\Delta t} = \frac{\mathrm{d}\theta}{\mathrm{d}t} \tag{1-10}$$

角加速度

$$\beta = \frac{\mathrm{d}\omega}{\mathrm{d}t} = \frac{\mathrm{d}^2\theta}{\mathrm{d}t^2} \tag{1-11}$$

运动方程

$$\theta = \theta(t) \quad \text{或} \quad s = s(t) \tag{1-12}$$

线量和角量的关系

$$v = R\omega, \quad a_t = R\beta, \quad a_n = R\omega^2, \quad \Delta s = R \cdot \Delta\theta \tag{1-13}$$

例 1-7　一质点作半径 $R=0.1\mathrm{m}$ 的圆周运动，其角坐标 $\theta=2+4t^3(\mathrm{rad})$。(1)求 $t=2\mathrm{s}$ 时，质点的法向加速度和切向加速度；(2)当 t 为多少时，法向加速度和切向加速度的数值相等？

分析：此题已知质点的运动方程 $\theta=\theta(t)$，由 $\omega=\frac{\mathrm{d}\theta}{\mathrm{d}t}$ 和 $\beta=\frac{\mathrm{d}\omega}{\mathrm{d}t}=\frac{\mathrm{d}^2\theta}{\mathrm{d}t^2}$ 可求出角速度 ω 和角加速度 β，再利用线量和角量的关系，即可求得 a_t、a_n。

解答：(1) 质点的角速度为

$$\omega = \frac{\mathrm{d}\theta}{\mathrm{d}t} = 12t^2$$

角加速度为

$$\beta = \frac{\mathrm{d}\omega}{\mathrm{d}t} = 24t$$

所以任意 t 时刻质点的 a_t 和 a_n 分别为

$$a_t = R\beta = 24Rt$$

$$a_n = R\omega^2 = 144Rt^4$$

当 $t=2\mathrm{s}$ 时，切向加速度 $a_t=4.8\mathrm{m/s^2}$；法向加速度 $a_n=2.3\times10^2\mathrm{m/s^2}$。

(2) 当 $a_n=a_t$ 时，即 $144Rt^4=24Rt$，此时 $t^3=\frac{1}{6}$，解得 $t\approx0.55\mathrm{s}$。

注意点：熟练掌握线量和角量的关系式，并灵活运用。

例 1-8　飞轮作加速转动时，轮边缘上一点的运动方程为 $s=0.1t^3$ (SI)。已知飞轮半径为 2m。当此点的速率 $v=30\mathrm{m/s}$ 时，其加速度大小为多少？

分析：已经飞轮边缘上一点作圆周运动的运动方程为 $s=0.1t^3$。可由 $v=\frac{ds}{dt}$ 求出其速率，而后由 $a_t=\frac{dv}{dt}$ 和 $a_n=\frac{v^2}{R}$ 求出其切向加速度和法向加速度，最后依 $a=\sqrt{a_n^2+a_t^2}$ 求出加速度大小。

解答：质点在 t 时刻的速率为

$$v=\frac{ds}{dt}=0.3t^2$$

当 $v=30\mathrm{m/s}$ 时，$t=10\mathrm{s}$。此刻

$$a_t=\frac{dv}{dt}=0.6t=6(\mathrm{m/s^2})$$

$$a_n=\frac{v^2}{R}=0.045t^4=450(\mathrm{m/s^2})$$

所以，该点的加速度大小为

$$a=\sqrt{a_t^2+a_n^2}=\sqrt{6^2+450^2}\approx 450.04(\mathrm{m/s^2})$$

（四）牛顿运动定律

第一定律：引出了惯性和力的概念以及惯性参照系的定义。如果牛顿第一定律在某个参考系中适用，则这个参考系称为惯性参考系，简称惯性系。

第二定律：

$$\boldsymbol{F}=\frac{d\boldsymbol{P}}{dt}=\frac{d(m\boldsymbol{v})}{dt} \tag{1-14a}$$

当质点在作低速($v\ll c$)运动，其质量可看作是常量时，上式可写为

$$\boldsymbol{F}=m\frac{d\boldsymbol{v}}{dt}=m\boldsymbol{a} \tag{1-14b}$$

式中 $\boldsymbol{F}$ 为合外力，$\boldsymbol{a}$ 的方向与 $\boldsymbol{F}$ 的方向一致。$\boldsymbol{F}$ 与 $\boldsymbol{a}$ 的关系为瞬时关系，即当合外力撤去或为零时，加速度也就立即消失。

在直角坐标系中，它在 Ox、Oy、Oz 三个方向上的投影形式为

$$F_x=m\frac{dv_x}{dt}=ma_x \tag{1-15a}$$

$$F_y=m\frac{dv_y}{dt}=ma_y \tag{1-15b}$$

$$F_z = m\frac{\mathrm{d}v_z}{\mathrm{d}t} = ma_z \tag{1-15c}$$

在自然坐标系中,它在切线和法线方向的投影形式为

$$F_t = ma_t = m\frac{\mathrm{d}v}{\mathrm{d}t} \tag{1-16a}$$

$$F_n = ma_n = m\frac{v^2}{\rho} \tag{1-16b}$$

第三定律:

$$\boldsymbol{F}_{12} = -\boldsymbol{F}_{21} \tag{1-17}$$

必须明确:牛顿运动定律只适用于惯性参考系中的质点或可视为质点的物体,且研究对象的质量不会随着运动而明显变化。

(五) 力学中常见的几种力

1. 万有引力(含重力):

$$F = G\frac{m_1 m_2}{r^2} \tag{1-18}$$

2. 弹性力包含以下几类。

压力:物体间相互挤压而引起的弹性力,垂直于接触面作用。

张力:绳子两端受力作用被拉紧后,由于发生拉伸形变所引起的绳中张力。

弹簧的弹力:弹簧被拉伸或压缩时产生的弹性力

$$F = -kx \tag{1-19}$$

3. 摩擦力:包括滑动摩擦力和静摩擦力

$$\left.\begin{aligned} f &= \mu N \\ f_{\max} &= \mu_0 N \end{aligned}\right\} \tag{1-20}$$

(六) 应用牛顿运动定律的解题思路

力学中常见的动力学问题一般有两类:①已知物体运动,求其所受的力;②已知作用于物体上的力,求其运动情况。在第二类问题中,已知的作用力可能是恒力,也可能是变力,当物体受的力为变力时,应利用微积分知识解题。

由于牛顿运动定律只适用于质点,若涉及两个或两个以上质点的运动时,应采用"隔离体法"对各个物体进行受力分析,而后分别运用牛顿定律列方程。在用"隔离体法"解题时,大致可按下列步骤进行:

(1) 依据题意选取一个或几个物体作为研究对象；

(2) 选定可看作惯性系的参考系，并建立合适的坐标系；

(3) 用“隔离体法”分析各物体的受力情况，画受力图，并标示出物体运动情况；

(4) 按牛顿第二定律列出质点运动方程(矢量式)，或写出它沿各坐标轴的分量式；

(5) 解出所需结果，必要时对所求结果进行讨论。

例 1-9 质量为 m 的雨滴下降时，因受空气阻力，在落地前已是匀速运动，其速率为 $v_0=5.0\text{m/s}$。设空气阻力大小与雨滴速率的平方成正比，问：当雨滴下降速率为 $v=4.0\text{m/s}$ 时，其加速度 a 多大？

分析：雨滴受重力 $\boldsymbol{P}$ 和空气阻力 f 共同作用，其合力是一变力，因此，雨滴作变加速运动，可用牛顿定律列方程。但是，随着雨滴速度加大，空气阻力也不断增大，当其大小和重力大小相等时，雨滴开始作匀速运动。

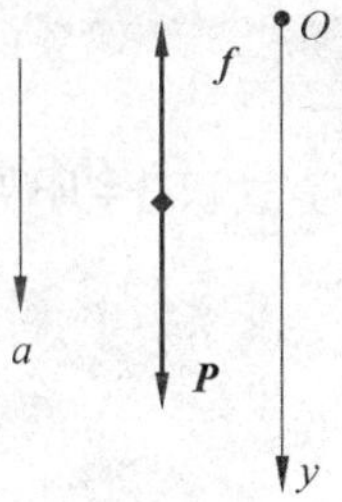

图 1-4

解答：选雨滴为研究对象，取竖直向下为坐标轴正向，它受重力 $P=mg$ 和空气阻力 $f=-kv^2$，画出其受力分析图，如图 1-4 所示。

当雨滴作变加速运动时，应用牛顿定律列方程

$$mg-kv^2=ma \quad ①$$

当雨滴作匀速运动时，有

$$mg=kv_0^2 \quad ②$$

由式②可得

$$k=mg/v_0^2 \quad ③$$

由式①可得

$$a=(mg-kv^2)/m \quad ④$$

将式③代入式④，得

$$a=g[1-(v/v_0)^2]$$

当 $v=4.0\text{m/s}$ 时，雨滴的加速度

$$a=9.8[1-(4/5)^2]\approx 3.53(\text{m/s}^2)$$

例 1-10 已知一质量为 m 的质点在 x 轴上运动，质点只受到指向原点的引力的作用，引力大小与质点离原点的距离 x 的平方成反比，即 $f=-k/x^2$，k 为比例常数。设质点在 $x=A$ 时的速度为零，求质点在 $x=A/4$ 处的速度的大小。

分析：这是变力作用下的动力学问题，因此，其作变加速运动，可应用牛顿定律列方程。虽然物体的动力学方程比较简单，但是，由于变力是位置的函数，要从它计算出物体的速度就比较困难了，通常需要采用积分的方法去解方程。

解答：根据牛顿第二定律

$$f=-\frac{k}{x^2}=m\frac{\mathrm{d}v}{\mathrm{d}t}$$

利用变量代换，得

$$-\frac{k}{x^2}=m\frac{\mathrm{d}v}{\mathrm{d}t}=m\frac{\mathrm{d}v}{\mathrm{d}x}\cdot\frac{\mathrm{d}x}{\mathrm{d}t}=mv\frac{\mathrm{d}v}{\mathrm{d}x}$$

再分离变量，有

$$v\mathrm{d}v=-k\frac{\mathrm{d}x}{mx^2}$$

对上式积分，并代入始、末条件，有

$$\int_0^v v\mathrm{d}v=-\int_A^{A/4}\frac{k}{mx^2}\mathrm{d}x$$

解得

$$\frac{1}{2}v^2=\frac{k}{m}\left(\frac{4}{A}-\frac{1}{A}\right)=\frac{3}{mA}k$$

所以

$$v=\sqrt{6k/(mA)}$$

注意：物体受的变力可以是速度的函数，也可以是位置的函数，或者是时间的函数。通常在列出动力学方程后，需要采用积分的方法去解方程。这也是解题过程中的难点，解题时特别需要注意积分变量的统一和初始条件的确定。

例 1-11 在光滑的水平面上设置一竖直的圆筒，半径为 R，一小球紧靠圆筒内壁运动，如图 1-5 所示，摩擦系数为 μ。在 $t=0$ 时，球的速率为 v_0，求任意 t 时刻小球的速度和运动路程。

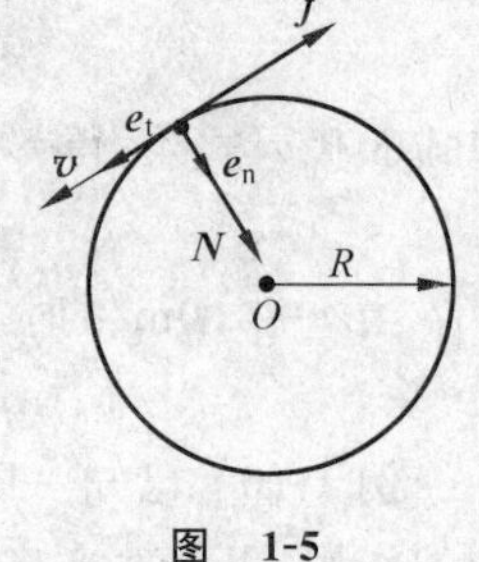

图 1-5

分析：由于运动学和动力学之间的联系是以加速度为桥梁的，因此可先分析动力学问题。小球作圆周运动的过程中，使其运动状态发生变化的是圆桶内壁对小球的正压力 $\boldsymbol{N}$ 和小球与桶之间的摩擦力 $\boldsymbol{f}$，通过牛顿定律，可把它们与小球运动的切向和法向加速度联系起来，再用运动学的积分关系即可求出速率和运动路程。

解答：选小球为研究对象，画其水平面上受力分析图，建立自然坐标系，如

图 1-5 所示，应用牛顿定律列方程。

法向：

$$N = m\frac{v^2}{R}$$

切向：

$$-f = m\frac{\mathrm{d}v}{\mathrm{d}t}$$

因 $f=\mu N$，所以有

$$\frac{\mathrm{d}v}{\mathrm{d}t} = -\mu\frac{v^2}{R}$$

对上式分离变量后积分，并代入始、末条件，有

$$-\int_{v_0}^{v}\frac{1}{v^2}\mathrm{d}v = \int_0^t\frac{\mu}{R}\mathrm{d}t$$

解得

$$v = \frac{v_0 R}{R + v_0\mu t}$$

利用 $v=\frac{\mathrm{d}s}{\mathrm{d}t}$，求得在时间 t 内小球经过的路程为

$$s = \int_0^t v\mathrm{d}t = v_0 R\int_0^t\frac{\mathrm{d}t}{R + v_0\mu t} = \frac{R}{\mu}\ln\left(1 + \frac{v_0\mu t}{R}\right)$$

（七）动量　冲量　动量定理　动量守恒定律

1. 动量的定义：

$$\boldsymbol{p} = m\boldsymbol{v} \tag{1-21}$$

2. 冲量的定义：

$$\boldsymbol{I} = \int_{t_1}^{t_2}\boldsymbol{F}\mathrm{d}t \tag{1-22}$$

$\boldsymbol{I}$ 即为变力 $\boldsymbol{F}$ 在 t_1 到 t_2 这段时间内的冲量。

3. 动量定理：一定时间内，作用于系统的合外力的冲量，等于系统在此时间内的动量的增量，即

$$\boldsymbol{I} = \Delta\boldsymbol{p} \tag{1-23}$$

写成分量形式为

$$I_x = p_{x2} - p_{x1} \tag{1-24a}$$

$$I_y = p_{y2} - p_{y1} \tag{1-24b}$$

$$I_z = p_{z2} - p_{z1} \tag{1-24c}$$

4. 动量守恒定律

系统所受的合外力为零，或在极短时间内系统所受的外力远比系统内相互作用的内力小得多而可以忽略不计时（如碰撞、爆炸），可应用动量守恒定律来处理问题。常有三种情况：

(1) 系统所受合外力为零，则系统动量守恒。

(2) 系统所受合外力不为零，但合外力远远小于系统内力，则近似认为系统动量守恒。

(3) 系统所受合外力不为零，但合外力在某一方向上的分量为零，系统的总动量不守恒，但系统在此方向上的动量守恒。如 $\boldsymbol{F}\neq\boldsymbol{0}, F_x=0$，则 x 方向上系统动量守恒。

例 1-12 设作用在质量为 1kg 的物体上的力 $F=6t+3$ (SI)。如果物体在这一力的作用下由静止开始沿直线运动，在 0～2.0s 的时间间隔内，这个力作用在物体上的冲量是多少？

分析：这是一个典型的求变力（力是时间的函数）冲量的问题。

解答：

$$I=\int F\mathrm{d}t=\int_0^2(6t+3)\mathrm{d}t=(3t^2+3t)\Big|_0^2=18(\mathrm{N\cdot s})$$

例 1-13 一质点的运动轨迹如图 1-6 所示。已知质点的质量为 20g，且 A、B 二位置处速率都为 20m/s，$\boldsymbol{v}_A$ 与 x 轴成 45°角，$\boldsymbol{v}_B$ 垂直于 y 轴，求质点由 A 点运动到 B 点的这段时间内，作用在质点上外力的总冲量。

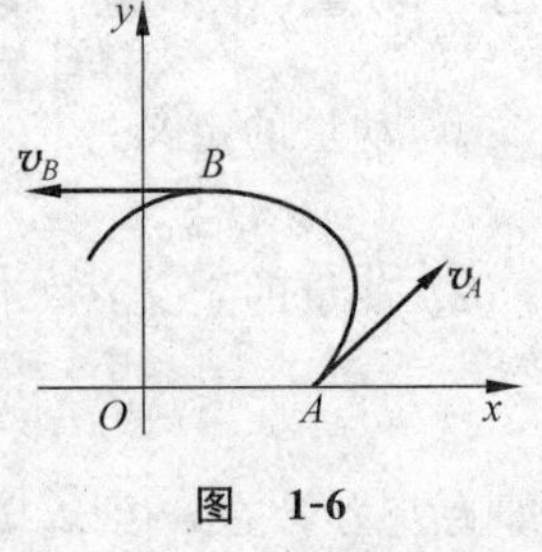

图 1-6

分析：冲量 $\boldsymbol{I}=\int\boldsymbol{F}\mathrm{d}t$，因外力 $\boldsymbol{F}$ 未知，故不能直接用定义式求外力的冲量。但是若采取转换的办法，利用动量定理，通过求在从 A 点到 B 点过程中动量的增量，就可较方便的求出合外力的冲量。

解答：根据动量定理 $\boldsymbol{I}=\Delta\boldsymbol{p}$，有

$$I_x=-mv_B-mv_A\cos45^\circ=-0.683(\mathrm{kg\cdot m/s})$$

$$I_y=0-mv_A\sin45^\circ=-0.283(\mathrm{kg\cdot m/s})$$

总冲量为

$$\boldsymbol{I}=-0.683\boldsymbol{i}-0.283\boldsymbol{j}(\mathrm{kg\cdot m/s})$$

冲量的大小为

$$I=\sqrt{I_x^2+I_y^2}=0.739(\text{kg}\cdot\text{m/s})$$

冲量的方向和 x 轴的夹角满足 $\tan\theta=\dfrac{I_y}{I_x}$，又 I_x、I_y 都小于零，则

$$\theta=\pi+\arctan\frac{I_y}{I_x}=202.5^\circ$$

注意：动量定理 $\boldsymbol{I}=\Delta\boldsymbol{p}$ 是矢量式，若质点作曲线运动时，在计算 $\boldsymbol{I}$ 和 $\boldsymbol{p}$ 时要注意其矢量性。

例 1-14　水面上有一质量为 M 的木船，开始时静止不动，从岸上以水平速度将一质量为 m 的砂袋抛到船上，然后两者一起运动。设运动过程中受到的阻力与速率成正比，比例系数为 k。如砂袋与船的作用时间极短，试求：

(1) 砂袋抛到船上后，船和砂袋一起开始运动的速率；

(2) 砂袋与木船从开始一起运动直到静止时所走过的距离。

分析：(1) 取砂袋与船为系统，在砂袋落到船上瞬间，在水平方向，其相互作用的内力远远大于系统所受外力，故系统在该方向上动量守恒。

(2) 可运用动力学方程求解变力作用下的速度和位置问题。

解答：(1) 设砂袋抛到船上后，共同运动的初速度大小为 v，并设此运动方向为 x 轴正方向，则水平方向动量守恒，有

$$(M+m)v=mv_0$$

$$v=\frac{mv_0}{M+m}$$

方向与 v_0 方向一致。

(2) $F_\text{f}=-kv=-k\dfrac{\text{d}x}{\text{d}t}$，又 $F_\text{f}=(M+m)a=(M+m)\dfrac{\text{d}v}{\text{d}t}$，所以

$$-k\frac{\text{d}x}{\text{d}t}=(M+m)\frac{\text{d}v}{\text{d}t}$$

则 $\text{d}x=-\dfrac{M+m}{k}\text{d}v$，两边积分，得

$$\int_0^x\text{d}x=-\frac{M+m}{k}\int_v^0\text{d}v$$

解得

$$x=\frac{(M+m)v}{k}=\frac{mv_0}{k}$$

此即为一起走过的距离。

（八）功　功率　动能　动能定理

1. 功　功率

(1) 功：是力对空间的累积作用。

$$W=\int_a^b \mathrm{d}W=\int_a^b \boldsymbol{F}\cdot\mathrm{d}\boldsymbol{r}=\int_a^b F\cdot|\mathrm{d}\boldsymbol{r}|\cos\theta=\int_a^b F\cdot\mathrm{d}s\cdot\cos\theta \quad (1\text{-}25)$$

在直角坐标系中，功的计算式可写为

$$W=\int_a^b (F_x\mathrm{d}x+F_y\mathrm{d}y+F_z\mathrm{d}z) \quad (1\text{-}26)$$

(2) 功率

$$P=\frac{\mathrm{d}W}{\mathrm{d}t}=\boldsymbol{F}\cdot\frac{\mathrm{d}\boldsymbol{r}}{\mathrm{d}t}=\boldsymbol{F}\cdot\boldsymbol{v} \quad (1\text{-}27)$$

2. 动能　动能定理

(1) 质点的动能定理的表达式：

$$W=\frac{1}{2}mv_2^2-\frac{1}{2}mv_1^2 \quad (1\text{-}28)$$

即合外力对物体所做的功等于物体动能的增量。

质点的动能用 E_k 表示，$E_\mathrm{k}=\frac{1}{2}mv^2$。

(2) 质点系的动能定理的表达式：

$$\sum_i W_{i外}+\sum_i W_{i内}=\sum_i \frac{1}{2}m_iv_{i2}^2-\sum_i \frac{1}{2}m_iv_{i1}^2 \quad (1\text{-}29)$$

式中，$\sum_i W_{i外}$ 为外力对质点系做功之和，$\sum_i W_{i内}$ 为内力对质点系做功之和，$\sum_i \frac{1}{2}m_iv_{i2}^2$ 为质点系末状态的动能，$\sum_i \frac{1}{2}m_iv_{i1}^2$ 为质点系初状态的动能。

例 1-15　一物体按规律 $x=ct^3$ 在媒质中作直线运动，式中 c 为常量，t 为时间，设媒质对物体的阻力正比于速率的平方，阻力系数为 k，试求物体由 $x=0$ 运动到 $x=1$ 时阻力所做的功。

分析：本题是一维变力做功问题，需按功的定义来求解。关键在于要把阻力 F_f 表示为 x 的函数。由运动学关系 $v=\frac{\mathrm{d}x}{\mathrm{d}t}$ 求出 $v(t)$，代入 $F_f=-kv^2$ 得到 $f(t)$，再利用 $x=x(t)$ 把 $F_f(t)$ 转换为 $F_f(x)$。这样就可由定义式求 W_{F_f}。

解答：物体运动速度大小为

$$v=\frac{\mathrm{d}x}{\mathrm{d}t}=3ct^2$$

所以，物体受的阻力大小

$$F_f=kv^2=9kc^2t^4=9kc^{\frac{2}{3}}x^{\frac{4}{3}}$$

故阻力所做的功为

$$W_{F_f}=\int \boldsymbol{F}_f\cdot\mathrm{d}\boldsymbol{x}=\int_0^1 f\cos180^\circ\mathrm{d}x=-9kc^{\frac{2}{3}}\int_0^1 x^{\frac{4}{3}}\mathrm{d}x=-\frac{27}{7}kc^{\frac{2}{3}}$$

注意：由于阻力方向与物体运动方向相反，所以阻力所做的功为负值。

例 1-16 质量 $m=2\mathrm{kg}$ 的物体受到力 $\boldsymbol{F}=(5t\boldsymbol{i}+3t^2\boldsymbol{j})$（SI）的作用而运动，$t=0$ 时物体位于原点并静止。求：(1)前 10s 内力 $\boldsymbol{F}$ 所做的功；(2)$t=10\mathrm{s}$ 时物体的动能。

解答：(1)物体的加速度为

$$\boldsymbol{a}=\frac{\boldsymbol{F}}{m}=\frac{5}{2}t\boldsymbol{i}+\frac{3}{2}t^2\boldsymbol{j}$$

其速度为

$$\boldsymbol{v}=\int_0^t\boldsymbol{a}\mathrm{d}t=\frac{5}{4}t^2\boldsymbol{i}+\frac{1}{2}t^3\boldsymbol{j}$$

力 $\boldsymbol{F}$ 所做的功为

$$W=\int\boldsymbol{F}\cdot\mathrm{d}\boldsymbol{r}=\int\boldsymbol{F}\cdot\boldsymbol{v}\mathrm{d}t=\int_0^t(F_xv_x+F_yv_y)\mathrm{d}t$$

$$=\int_0^t\left(\frac{25}{4}t^3+\frac{3}{2}t^5\right)\mathrm{d}t=\frac{25}{16}t^4+\frac{1}{4}t^6$$

将 $t=10\mathrm{s}$ 代入上式，可得前 10s 内力 $\boldsymbol{F}$ 所做的功为

$$W\approx2.66\times10^5\mathrm{J}$$

(2) 由动能定理

$$W=E_\mathrm{k}-E_0$$

因 $E_0=0$，故 $E_\mathrm{k}=W$，所以得到物体在 $t=10\mathrm{s}$ 时的动能为

$$E_\mathrm{k}=W\approx2.66\times10^5\mathrm{J}$$

(九) 保守力的功、势能、功能原理和机械能守恒定律

1. 保守力做功的特点：保守力做功仅与物体的始、末位置有关，而与过程中物体所经过的路径无关。即

$$\oint \boldsymbol{F}_{保} \cdot d\boldsymbol{r} = 0 \tag{1-30}$$

2. 保守力的功与势能的关系：保守力所做的功等于系统势能增量的负值，即

$$W_{保} = -(E_{p2} - E_{p1}) = -\Delta E_p \tag{1-31}$$

3. 某一位置 a 的势能：相对于一个零势点位置 c 来说，某一位置 a 的势能在数值上等于保守力从该位置到势能零点所做的功，可表示为

$$E_{pa} = \int_a^c \boldsymbol{F}_{保} \cdot d\boldsymbol{r} \tag{1-32}$$

4. 三种形式的势能

(1) 重力势能

$$E_{p重} = mgh$$

式中 h 为物体离地面的高度，重力势能零点一般选在地表处。

(2) 弹性势能

$$E_{p弹} = \frac{1}{2}kx^2$$

式中 x 为弹簧变形量，弹性势能零点一般选在弹簧原长处。

(3) 引力势能

$$E_{p引} = -G\frac{Mm}{r}$$

式中 r 为两物体间的距离，一般引力势能零点选取在无限远处。

5. 功能原理：系统机械能的增量等于它所受外力做的功与非保守内力所做功的代数和。即

$$\sum_i W_{外i} + \sum_i W_{非保内i} = E_2 - E_1 = \Delta E \tag{1-33}$$

6. 机械能守恒定律：当 $\sum_i W_{外i} + \sum_i W_{非保内i} = 0$ 时，有 $\Delta E = 0$。

例 1-17 一链条总长为 l，质量为 m，放在桌面上，并使其下垂。下垂一端的长度为 a，如图 1-7(a)所示。设链条与桌面之间的动摩擦系数为 μ，令链条由静止开始运动。求：(1)链条由静止开始到离开桌面的过程中摩擦力对链条所做的功；(2)链条离开桌面时的速率。

分析：(1) 本题仍然是一维变力做功问题，可用功的定义 $W = \int \boldsymbol{F} \cdot d\boldsymbol{x}$ 求解；

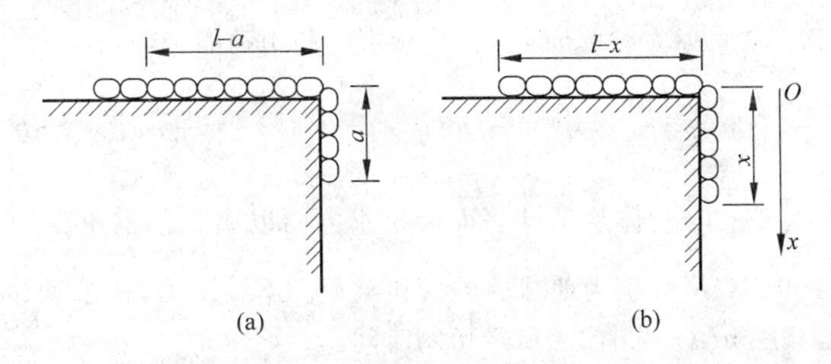

图　1-7

（2）利用动能定理或功能原理求出链条离开桌面时的速率。

解答：（1）建立如图 1-7(b)所示坐标系，任意时刻的摩擦力的大小为

$$f = (l-x)\frac{mg}{l}\mu$$

摩擦力所做的功为

$$W_f = \int_a^l -(l-x)\frac{mg}{l}\mu\,\mathrm{d}x = -\frac{mg\mu}{l}\left[lx - \frac{1}{2}x^2\right]\Big|_a^l = -\frac{mg\mu}{2l}(l-a)^2$$

（2）在链条离开桌面的过程中，重力所做的功为

$$W_P = \int_a^l \frac{mg}{l}x\,\mathrm{d}x = \frac{mg(l^2-a^2)}{2l}$$

应用质点的动能定理 $W_f + W_P = \frac{1}{2}mv^2 - \frac{1}{2}mv_0^2$，有

$$\frac{mg(l^2-a^2)}{2l} - \frac{mg\mu}{2l}(l-a)^2 = \frac{1}{2}mv^2$$

链条离开桌面时的速率为

$$v = \sqrt{\frac{g}{l}}\left[(l^2-a^2) - \mu(l-a)^2\right]^{\frac{1}{2}}$$

例 1-18　质量为 m 的质点在外力作用下，其运动方程为 $\boldsymbol{r} = a\cos\omega t\,\boldsymbol{i} + b\sin\omega t\,\boldsymbol{j}$，式中 a、b、ω 为正的常数，则力在 $t_0 = 0$ 到 $t = \frac{\pi}{2\omega}$ 这段时间内所做的功为多少？

解答：运动速度

$$\boldsymbol{v}_t = \frac{\mathrm{d}\boldsymbol{r}}{\mathrm{d}t} = -a\omega\sin\omega t\,\boldsymbol{i} + b\omega\cos\omega t\,\boldsymbol{j}$$

$t_0=0$ 时，$\boldsymbol{v}_{t_0}=b\omega\boldsymbol{j}$；$t=\dfrac{\pi}{2\omega}$时，$\boldsymbol{v}_t=-a\omega\boldsymbol{i}$。利用动能定理，有

$$W=\frac{1}{2}mv_t^2-\frac{1}{2}mv_{t_0}^2=\frac{1}{2}m(a^2\omega^2-b^2\omega^2)=\frac{1}{2}m\omega^2(a^2-b^2)$$

例 1-19 把一个物体从地球表面沿铅垂方向以第二宇宙速度 $v_0=\sqrt{\dfrac{2GM}{R}}$ 发射出去，式中 M、R 分别为地球的质量和半径。不计阻力，试求物体从地面飞行到与地心相距 nR（n 为整数）所经历的时间。

分析：根据动能和势能的定义，只要知道物体的所在位置和它运动的速率，其势能和动能即可算出。由于物体的引力势能是属于系统（物体和地球）的，要确定特定位置的势能，必须规定势能零点，通常取物体和地球相距无限远时的势能为零，这样物体的势能就好确定了。其机械能就是势能和动能之和。

解答：如图 1-8 所示，设物体质量为 m，到达 x 处的速度为 v，物体由地面飞到 x 处的过程中机械能守恒，有

$$\frac{1}{2}mv_0^2-G\frac{Mm}{R}=\frac{1}{2}mv^2-G\frac{Mm}{x}$$

解得

$$v=\sqrt{\frac{2GM}{x}}$$

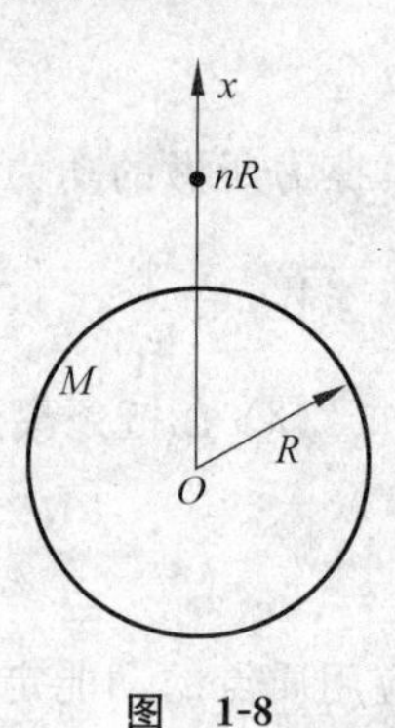

图 1-8

将上式代入 $v=\dfrac{\mathrm{d}x}{\mathrm{d}t}$，整理后积分，有

$$\int_0^t \mathrm{d}t=\int_R^{nR}\frac{\sqrt{x}}{\sqrt{2GM}}\mathrm{d}x$$

可得

$$t=\frac{2}{3\sqrt{2GM}}R^{\frac{3}{2}}(n^{\frac{3}{2}}-1)$$

三、难点分析

1. 描述质点运动的四个物理量（位矢、位移、速度、加速度）的矢量性及其相互关系的矢量运算是本章的难点之一，解决这个问题的关键是时刻牢记这四个物理量的矢量性，不能疏忽。要学会把物理量的矢量放到适当的坐标系中分析，如直角坐标系、自然坐标系等。初学者切记，不能把矢量当标量、把变量当常量、

把积分运算用代数运算来处理，学习时可重点关注解决运动学的第二类问题(已知加速度和初始条件，但 $a\neq$常量，求物体的运动速度、运动方程)的方法。

2. 运用牛顿定律处理动力学问题时的难点是要对研究对象进行清楚、正确的受力分析。用"隔离体法"对物体进行受力分析时是分析被隔离出的对象所受的力，而不是施的力，这点应务必注意。正确地进行受力分析，关键是正确理解力的概念，把握其相互作用的特性，并认识到这种作用既有接触式的，也有非接触式的。几种常见的力的性质要熟练掌握。

物体的受力有恒力也有变力，大学物理与中学物理的重要区别，是要解决变力作用下的动力学问题，这就要转变观念，学会用微积分的思想去思考、处理物理问题。常用的数学处理方法有分离变量、变量代换等，具体应用可参看本章例题。

3. 理解微元法思想，求解一维变力的功是本章又一难点。在用微积分求解物理问题时，涉及微元的构造、积分变量与积分上下限如何确定等问题，如果微元或微分变量选得合适，计算就方便，否则就可能难以计算出结果。

4. 变力的冲量计算、动量定理及守恒定律中的平面问题要考虑用矢量处理。在运用功能原理、机械能守恒定律时，要注意它们的适用条件及势能零点的选取，注意内力、外力的区分。

总之，本章是大学物理的起点，大学物理与中学物理相比，一个显著的特点是微积分和矢量运算的运用。对初学大学物理的同学来说，熟练运用微积分和矢量运算解决物理问题是较为突出的难点，要克服这个困难，需要具备扎实的数学知识。

四、练一练

(一) 选择题

1. 某质点作直线运动的运动学方程为 $x=3t-5t^3+6$ (SI)，则该质点作(　　)。

(A) 匀加速直线运动，加速度沿 x 轴正方向

(B) 匀加速直线运动，加速度沿 x 轴负方向

(C) 变加速直线运动，加速度沿 x 轴正方向

(D) 变加速直线运动，加速度沿 x 轴负方向

2. 如图 1-9 所示，湖中有一小船，有人用绳绕过岸上一定高度处的定滑轮拉湖中的船向岸边运动。设该人以匀速率 v_0 收绳，绳不伸长、湖水静止，则小船的运动为(　　)。

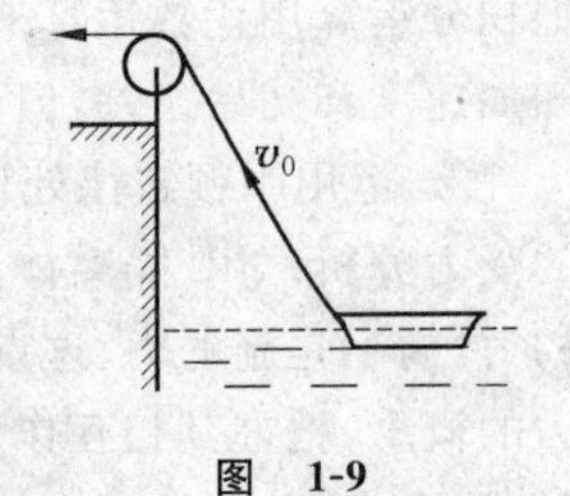

图 1-9

(A) 匀加速运动　　(B) 匀减速运动

(C) 变加速运动　　(D) 变减速运动

(E) 匀速直线运动

3. 一运动质点在某瞬时位于矢径 $\boldsymbol{r}(x,y)$ 的端点处，其速度大小为(　　)。

(A) $\frac{\mathrm{d}r}{\mathrm{d}t}$　　(B) $\frac{\mathrm{d}\boldsymbol{r}}{\mathrm{d}t}$　　(C) $\frac{\mathrm{d}|\boldsymbol{r}|}{\mathrm{d}t}$　　(D) $\sqrt{\left(\frac{\mathrm{d}x}{\mathrm{d}t}\right)^2+\left(\frac{\mathrm{d}y}{\mathrm{d}t}\right)^2}$

4. 下列说法中，哪一个是正确的？(　　)

(A) 一质点在某时刻的瞬时速度是 2m/s，说明它在此后 1s 内一定要经过 2m 的路程

(B) 斜向上抛的物体，在最高点处的速度最小，加速度最大

(C) 物体作曲线运动时，有可能在某时刻的法向加速度为零

(D) 物体加速度越大，则速度越大

5. 如图 1-10 所示，物体 A、B 质量相同，B 在光滑水平桌面上。滑轮与绳的质量以及空气阻力均不计，滑轮与其轴之间的摩擦也不计。系统无初速地释放，则物体 A 下落的加速度为(　　)。

(A) g　　(B) $4g/5$　　(C) $g/2$　　(D) $g/3$

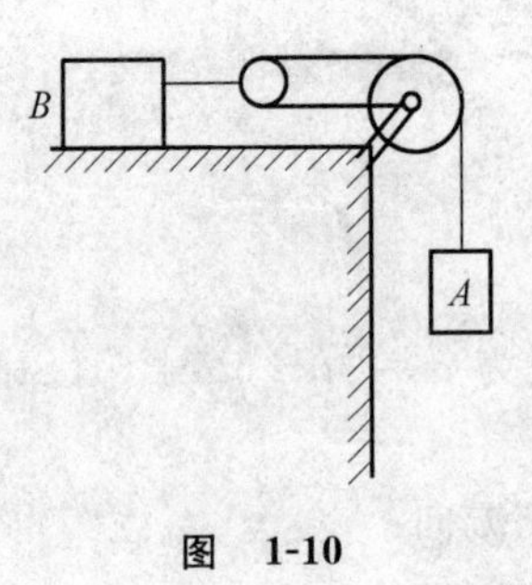

图 1-10

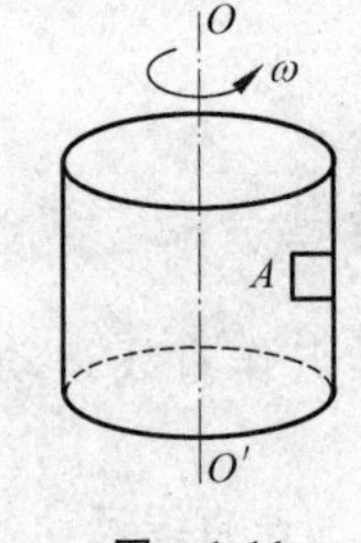

图 1-11

6. 如图 1-11 所示，竖立的圆筒形转笼，半径为 R，绕中心轴 OO' 转动，物块 A 紧靠在圆筒的内壁上，物块与圆筒间的摩擦系数为 μ，要使物块 A 不下落，圆

筒转动的角速度 ω 至少应为(　　)。

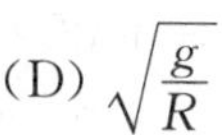

(A) $\sqrt{\dfrac{\mu g}{R}}$　　(B) $\sqrt{\mu g}$　　(C) $\sqrt{\dfrac{g}{\mu R}}$　　(D) $\sqrt{\dfrac{g}{R}}$

7. 如图 1-12 所示，用一斜向上的力 $\boldsymbol{F}$(与水平成 30°角)将一重为 G 的木块压靠在竖直壁面上。如果不论用怎样大的力 F 都不能使木块向上滑动，则说明木块与壁面间的静摩擦系数 μ 的大小为(　　)。

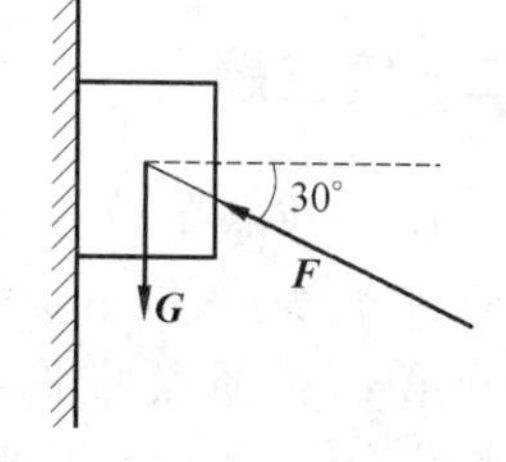

图　1-12

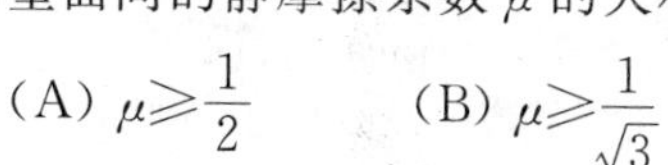

(A) $\mu \geqslant \dfrac{1}{2}$　　(B) $\mu \geqslant \dfrac{1}{\sqrt{3}}$

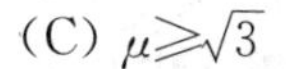

(C) $\mu \geqslant \sqrt{3}$　　(D) $\mu \geqslant 2\sqrt{3}$

8. 一质点在力 $F=5m(5-2t)$ (SI)的作用下，$t=0$ 时从静止开始作直线运动，式中 m 为质点的质量，t 为时间，则当 $t=5\text{s}$ 时，质点的速率为(　　)。

(A) 50m/s　　(B) 25m/s　　(C) 0　　(D) -50m/s

9. 质量为 m 的质点，以不变速率 v 沿图 1-13 中正三角形 ABC 的水平光滑轨道运动。质点越过 A 角时，轨道作用于质点的冲量的大小为(　　)。

(A) mv　　(B) $\sqrt{2}mv$

(C) $\sqrt{3}mv$　　(D) $2mv$

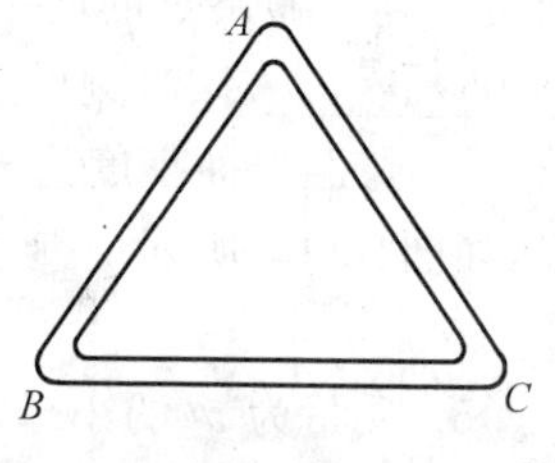

图　1-13

10. 在两个质点组成的系统中，若质点之间只有万有引力作用，且此系统所受外力的矢量和为零，则此系统(　　)。

(A) 动量与机械能一定都守恒

(B) 动量与机械能一定都不守恒

(C) 动量不一定守恒，机械能一定守恒

(D) 动量一定守恒，机械能不一定守恒

11. 质量为 $m=0.5\text{kg}$ 的质点，在 Oxy 坐标平面内运动，其运动方程为 $x=5t$，$y=0.5t^2$(SI)，从 $t=2\text{s}$ 到 $t=4\text{s}$ 这段时间内，外力对质点做的功为(　　)。

(A) 1.5J　　(B) 3J　　(C) 4.5J　　(D) -1.5J

12. 一个作直线运动的物体，其速度 v 与时间 t 的关系曲线如图 1-14 所示。设时刻 t_1 至 t_2 间外力做功为 W_1；时刻 t_2 至 t_3 间外力做功为 W_2；时刻 t_3 至 t_4 间外力做功为 W_3，则(　　)。

(A) $W_1>0, W_2<0, W_3<0$

(B) $W_1>0, W_2<0, W_3>0$

(C) $W_1=0, W_2<0, W_3>0$

(D) $W_1=0, W_2<0, W_3<0$

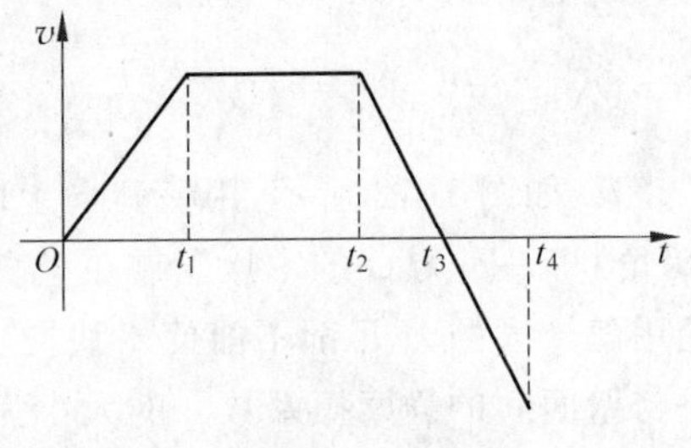

图 1-14

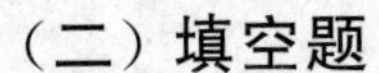

（二）填空题

1. 一质点在 Oxy 平面内运动。运动学方程为 $x=2t$ 和 $y=19-2t^2$ (SI)，则在第 2s 内质点的平均速度大小 $\bar{v}=$ ________，2s 末的瞬时速度大小 $v_2=$ ________；该质点的轨道方程为________。

2. 一质点沿直线运动，其运动学方程为 $x=6t-t^2$ (SI)，则在 t 由 0 至 4s 的时间间隔内，质点的位移大小为________，在 t 由 0 到 4s 的时间间隔内质点走过的路程为________。

3. 质点在重力场中作斜上抛运动，初速度的大小为 v_0，与水平方向成 α 角。则质点到达抛出点的同一高度时的切向加速度大小为________，法向加速度大小为________，该时刻质点所在处轨迹的曲率半径为________(忽略空气阻力)。

4. 灯距地面高度为 h_1，一个人身高为 h_2，在灯下以匀速率 v 沿水平直线行走，如图 1-15 所示。他的头顶在地上的影子 M 点沿地面移动的速度为 $v_M=$________。

5. 质量为 m 的小球，用轻绳 AB、BC 连接，如图 1-16 所示，其中 AB 水平。剪断绳 AB 前后的瞬间，绳 BC 中的张力比 $T:T'=$________。

6. 一光滑的内表面半径为 10cm 的半球形碗，以匀角速度 ω 绕其对称轴 OC 旋转，如图 1-17 所示。已知放在碗内表面上的一个小球 P 相对静止，其位置高于碗底 4cm，则由此可推知碗旋转的角速度约为________。

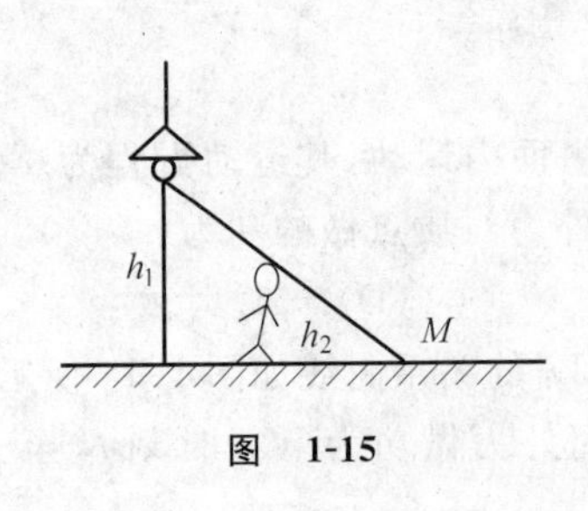

图 1-15

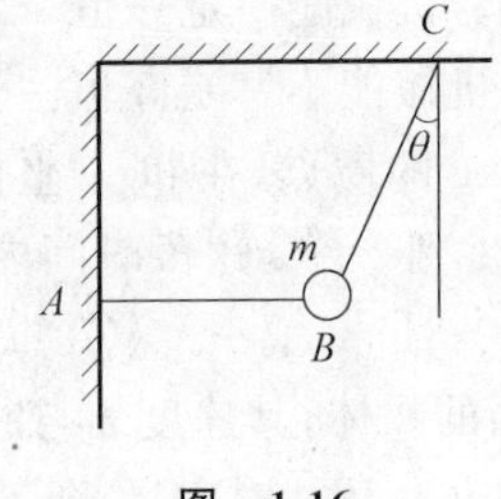

图 1-16

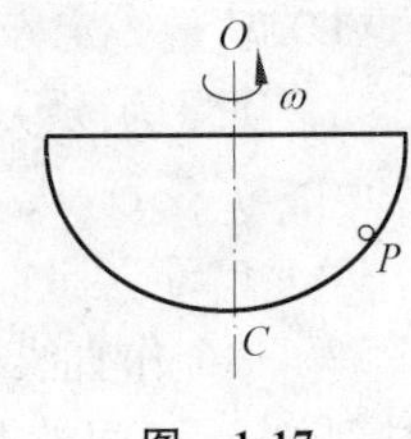

图 1-17

7. 一吊车底板上放一质量为 10kg 的物体，若吊车底板加速上升，加速度大小 $a=3+5t$ (SI)，则 2s 内吊车底板给物体的冲量大小 $I=$________；2s 内物体动量的增量大小 $\Delta P=$________。

8. 图 1-18 为一圆锥摆，质量为 m 的小球在水平面内以角速度 ω 匀速转动，在小球转动一周的过程中，

(1) 小球动量增量的大小为________；

(2) 小球所受重力的冲量大小为________；

(3) 小球所受绳子拉力的冲量大小为________。

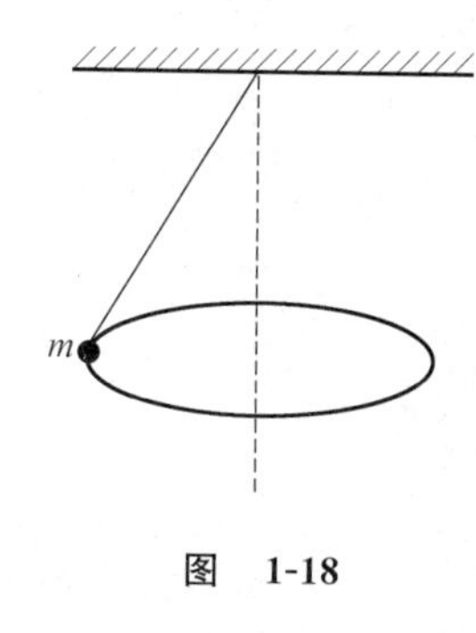

图　1-18

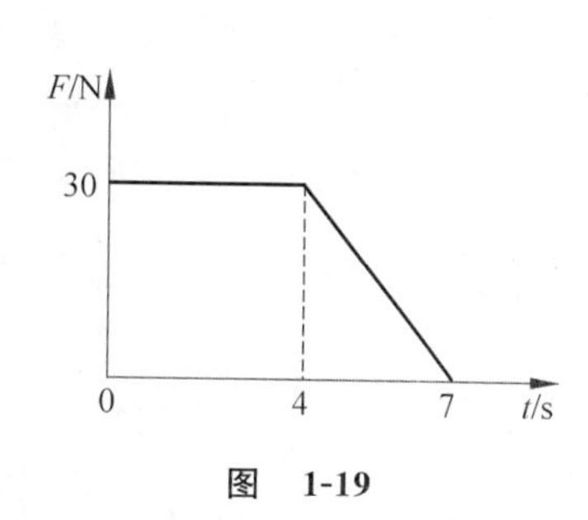

图　1-19

9. 质量 $m=10$kg 的木箱放在地面上，在水平拉力 $\boldsymbol{F}$ 的作用下由静止开始沿直线运动，其拉力随时间的变化关系如图 1-19 所示，若已知木箱与地面间的摩擦系数 μ 为 0.2，那么在 $t=4$s 时，木箱的速度大小为________；在 $t=7$s 时，木箱的速度大小为________(g 取 10m/s^2)。

10. 如图 1-20 所示，劲度系数为 k 的弹簧一端固定在墙上，另一端连接一质量为 M 的容器，容器可在光滑的水平面上运动，当弹簧未变形时，容器位于 O 点处，今使容器自 O 点左边 x_0 处从静止开始运动，每经过 O 点一次，就从上方滴管中滴入一质量为 m 的油滴，则在容器第一次到达 O 点油滴滴入前的瞬间，容器的速率 $v=$________；当容器中刚滴入了 n 滴油后的瞬间，容器的速率 $u=$________。

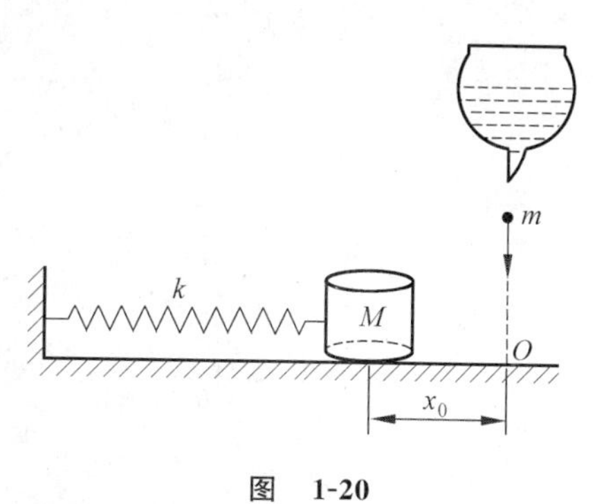

图　1-20

11. 今有一劲度系数为 k 的轻质弹簧竖直放置，下端悬一质量为 m 的小球，开始时弹簧为原长，小球恰好与地面接触，今将弹簧上端慢慢提起直到小球刚能脱离地面，此过程中外力的功为________。

12. 有一人造卫星，质量为 m，在地球表面上空 2 倍于地球半径 R 的高度沿圆轨道运行，用 m、R、引力常数 G 和地球质量 M 表示：

(1) 卫星的动能为________；(2) 系统的引力势能为________。

第2章　刚体的定轴转动

一、基本要求

1. 熟练掌握描述刚体定轴转动的四个物理量——角坐标、角位移、角速度和角加速度。

2. 理解力矩和转动惯量的概念，掌握转动惯量的计算和平行轴定理，熟练掌握刚体定轴转动的转动定律。

3. 理解角动量的概念，熟练掌握刚体定轴转动的角动量定理和角动量守恒定律。

4. 了解力矩的功和转动动能的概念，了解刚体定轴转动的动能定理和机械能守恒定律。

二、主要内容及例题

（一）刚体运动学

1. 描述刚体定轴转动的四个物理量：角坐标 θ、角位移 $\Delta\theta$、角速度 ω、角加速度 β，

$$\omega = \frac{\mathrm{d}\theta}{\mathrm{d}t} \tag{2-1}$$

$$\beta = \frac{\mathrm{d}\omega}{\mathrm{d}t} = \frac{\mathrm{d}^2\theta}{\mathrm{d}t^2} \tag{2-2}$$

注意：(1) 上述四个物理量都是矢量，由于此处描述的是刚体的定轴转动，转动方向只有顺时针和逆时针，规定正方向后，可用正、负来表示其方向性。

(2) 和质点运动学中一样，刚体运动学中也有两类问题：第一类是已知 $\theta(t)$，求 ω 和 β；第二类是已知 β 及初始条件，求 ω 和 $\Delta\theta$。

(3) 刚体绕定轴作匀角加速度转动时(β恒定),由刚体运动学中的第二类问题可得匀角加速度转动时的三个公式(和质点运动学中匀加速直线运动的三个公式完全对应):

$$\omega = \omega_0 + \beta t \tag{2-3}$$

$$\Delta\theta = \omega_0 t + \frac{1}{2}\beta t^2 \tag{2-4}$$

$$\omega^2 - \omega_0^2 = 2\beta\Delta\theta \tag{2-5}$$

2. 线量与角量的关系

线速度和角速度的关系:

$$\boldsymbol{v} = \boldsymbol{\omega} \times \boldsymbol{r} \tag{2-6}$$

切向加速度和角加速度的关系:

$$a_t = r\beta \tag{2-7}$$

法向加速度和角速度的关系:

$$a_n = \omega^2 r \tag{2-8}$$

例 2-1 一飞轮以匀角加速度 2rad/s^2 转动,在某时刻以后的 5s 内飞轮转过了 100rad,若此飞轮是由静止开始转动的,问在上述的某时刻以前飞轮转动了多少时间?

分析:这是一个匀角加速转动的题目,直接根据已经条件选择匀角加速转动的公式来解题即可。

解答:设某时刻为 t_1,5s 后时刻为 t_2,则 $t_2 - t_1 = 5\text{s}$。因飞轮作匀角加速度转动,所以 t_1 和 t_2 时刻的角位移分别为

$$\Delta\theta_1 = \frac{1}{2}\beta t_1^2,\quad \Delta\theta_2 = \frac{1}{2}\beta t_2^2$$

两式相减,解得

$$\Delta\theta = \frac{1}{2}\beta(t_2^2 - t_1^2) = \frac{1}{2}\beta(t_2 + t_1)(t_2 - t_1)$$

故

$$t_2 + t_1 = \frac{2\Delta\theta}{\beta(t_2 - t_1)} = \frac{2 \times 100}{2 \times 5} = 20(\text{s})$$

又 $t_2 - t_1 = 5\text{s}$,所以 $t_1 = 7.5\text{s}$。

例 2-2 高速旋转电动机的圆柱形转子可绕垂直其横截面通过中心的轴转动,开始时它的角速度 $\omega_0 = 0$,经 300s 后,其转速达到 $600\pi\text{rad/s}$。设转子的角加速度 β 与时间成正比。求:(1)其转速 ω 随时间的变化关系;(2)在 300s 时间

内，转子转过多少转。

分析：由题意可知，角加速度 β 和时间成正比。因此是变角加速度问题。设 $\beta=ct$，则此题为已知 β 和初始的 ω，求 $\omega(t)$ 和 $\theta(t)$，是刚体运动学中的第二类问题。又 $t=300\text{s}$ 时的 ω 为已知，则可求得系数 c。

解答：(1) 设角加速度 $\beta=ct$，因为

$$\beta=\frac{\mathrm{d}\omega}{\mathrm{d}t}=ct$$

因此

$$\mathrm{d}\omega=ct\,\mathrm{d}t$$

$$\int_0^{\omega}\mathrm{d}\omega=\int_0^t ct\,\mathrm{d}t$$

得

$$\omega=\frac{1}{2}ct^2$$

又 $t=300\text{s}$ 时，$\omega=600\pi\text{rad/s}$。代入得 $c=\frac{\pi}{75}$，则

$$\omega=\frac{\pi}{150}t^2$$

(2) 因为

$$\omega=\frac{\mathrm{d}\theta}{\mathrm{d}t}$$

则

$$\mathrm{d}\theta=\omega\mathrm{d}\theta$$

$$\int_0^{\theta}\mathrm{d}\theta=\int_0^t\frac{\pi}{150}t^2\,\mathrm{d}t$$

$$\theta=\frac{\pi}{450}t^3$$

在 300s 内，转子转过的转数

$$N=\frac{\theta}{2\pi}=\frac{\pi}{450\times2\pi}\times300^3=3\times10^4$$

注意：(1)变角加速度问题一定要从描述刚体定轴转动的四个物理量的定义式出发求解；(2) 刚体运动学中的两类问题可参考质点运动学中的两类问题。

（二）刚体动力学

1. 力矩定义

$$\boldsymbol{M}=\boldsymbol{r}\times\boldsymbol{F}$$

注意：(1) 外力对刚体转动的影响与力矩有关。

(2) 作用在刚体上的任一外力都可分解成平行于转轴的力和垂直于转轴的力，平行于转轴的力对刚体的转动不产生影响，此处的 $\boldsymbol{F}$ 是指垂直于转轴、在转动平面内的力，如图 2-1 所示。

(3) 力矩的方向：沿转轴方向。

2. 转动惯量 J

(1) 定义式

$$J=\sum_i m_i r_i^2 \quad 或 \quad J=\int r^2\,\mathrm{d}m \tag{2-9}$$

(2) 物理意义：描述刚体转动惯性大小的量度。

(3) J 的三个要素：刚体的质量、质量的空间分布、轴的位置。

(4) 平行轴定理：

$$J=J_C+md^2 \tag{2-10}$$

式中，J_C 为刚体对通过质心的 z_C 轴的转动惯量；J 为刚体对平行于 z_C 轴的 z 轴的转动惯量；m 为刚体的质量；d 为两平行轴之间的距离(如图 2-2 所示)。

图 2-1　　图 2-2

3. 刚体定轴转动的转动定律

$$M=J\beta \tag{2-11}$$

式中，M 是作用于刚体的合力矩；β 为刚体的角加速度。

刚体定轴转动的转动定律和质点动力学中的牛顿第二定律对应。

例 2-3　水平桌面上有一质量为 M、半径为 R 的均匀圆盘，可绕垂直盘面的中心轴在桌面上转动，桌面的摩擦系数为 μ，求圆盘转动时所受的摩擦阻力矩的大小。

分析：由力矩的定义 $\boldsymbol{M}=\boldsymbol{r}\times\boldsymbol{F}$，此处圆盘在转动过程中所受摩擦力的作用点连续分布在圆盘上各点处，而各点到转轴的距离 r 是不等的，因此应采用微元法。

解答：在半径 r 处取 $\mathrm{d}r$ 宽的圆环，如图 2-3 所示，则圆环的质量

$$\mathrm{d}m=\frac{M}{\pi R^2}\cdot 2\pi r\mathrm{d}r$$

圆环所受摩擦力大小为 $\mu\cdot\mathrm{d}m\cdot g$，圆环所受摩擦力矩大小

$$r\cdot\mu\cdot\mathrm{d}m\cdot g=\frac{\mu Mg}{R^2}\cdot 2r^2\mathrm{d}r$$

因此圆盘所受的摩擦力矩大小为

$$M_f=\int_0^R\frac{\mu Mg}{R^2}\cdot 2r^2\mathrm{d}r=\frac{2}{3}\mu MgR$$

注意：不能把摩擦力的作用点等效在质心处，若等效在质心处，则圆盘所受摩擦力矩为 0，显然是不对的，于是有些同学就想当然地认为摩擦力的作用点等效在 $\frac{R}{2}$ 处，则 $M_f=\mu Mg\cdot\frac{R}{2}$，这种做法是一种典型的错误。

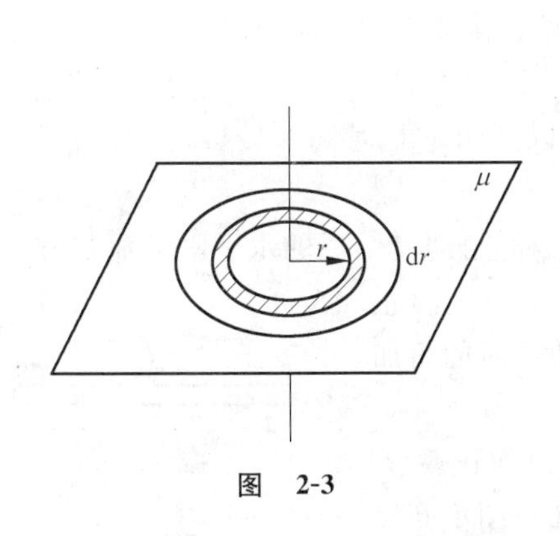

图　2-3

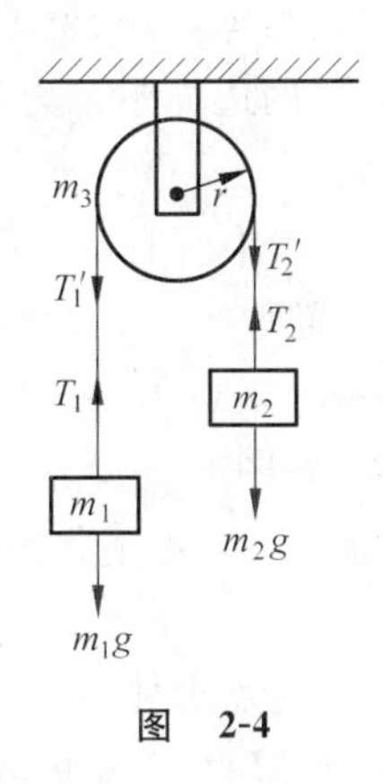

图　2-4

例 2-4　如图 2-4 所示的阿特伍德机装置中，滑轮和绳子间没有滑动且绳子不可伸长，轴与轮间无阻力矩，求滑轮两边的绳子张力。已知两物体质量分别为 m_1、m_2，滑轮可视为均匀圆盘，滑轮半径为 r，质量为 m_3。(圆盘对过其中心且与

盘面垂直的轴的转动惯量为$\frac{1}{2}m_3r^2$。)

分析：这是一道典型的阿特伍德机类型的题目，此类题目应分别对刚体和质点作受力分析，对质点用牛顿第二定律，对刚体用转动定律，然后再利用线量和角量的关系即可。

解答：m_1、m_2 的受力情况及对滑轮的转动产生力矩的力如图 2-4 所示。

以滑轮逆时针转动为正方向，则 m_1 重物向下运动为正方向，m_2 重物向上运动为正方向。根据牛顿第二定律和转动定律分别对 m_1、m_2 和滑轮列出方程，有

对 m_1：

$$m_1g - T_1 = m_1a$$

对 m_2：

$$T_2 - m_2g = m_2a$$

对滑轮：

$$T_1r - T_2r = J\beta$$

又 $a=r\beta, J=\frac{1}{2}m_3r^2$，由这几个等式可求得绳中张力 T_1 和 T_2。

注意：(1) 这里滑轮两边绳子中的张力 $T_1 \neq T_2$。因为若 $T_1=T_2$，则滑轮所受合外力矩为零，滑轮就不转动，m_1、m_2 两个物体也就无法运动，因此 $T_1 \neq T_2$。中学时滑轮两边绳中张力都认为相等，那是在“轻滑轮”的近似情况下，不考虑滑轮的转动。

(2) 方程中所有的力矩、转动惯量以及角量是对同一转轴，而且对系统而言，正方向需取得一致。

例 2-5 质量为 m、长为 L 的匀质细棒，可绕其一端的水平固定轴 O 在竖直面内转动，如图 2-5 所示。将细棒从水平位置静止释放，试求：棒由水平状态转过任一角度 θ 时的角加速度。

分析：这是刚体的定轴转动，要求角加速度 β，由转动定律 $M=J\beta$ 可知，首先要求当处在图示 θ 位置时细棒所受的力矩，此时棒受的力矩为重力矩。

解答：此状态下重力对 O 轴产生的力矩为

$$M = mg\,\frac{L}{2}\cos\theta$$

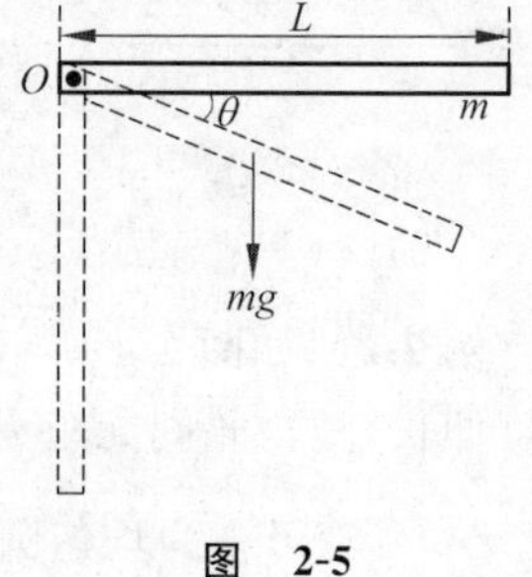

图 2-5

棒绕一端旋转的转动惯量

$$J=\frac{1}{3}mL^2$$

由转动定律

$$M=J\beta$$

得

$$mg\cdot\frac{L}{2}\cos\theta=\frac{1}{3}mL^2\beta$$

$$\beta=\frac{3g}{2L}\cos\theta$$

注意：细杆在竖直平面内绕一端转动，由于所受的重力矩和 θ 有关，是个变力矩，因此转动过程中角加速度是个变量。

（三）刚体定轴转动的角动量定理　角动量守恒

1. 质点的角动量

$$\boldsymbol{L}=\boldsymbol{r}\times\boldsymbol{p}\tag{2-12}$$

式中，$\boldsymbol{p}$ 为动量；$\boldsymbol{r}$ 为位置矢量。

2. 刚体定轴转动的角动量

$$L=J\omega\tag{2-13}$$

3. 刚体定轴转动的角动量定理：

$$\int_{t_1}^{t_2}M\mathrm{d}t=L_2-L_1\tag{2-14}$$

即：刚体所受的合冲量矩等于其角动量的增量。

4. 角动量守恒定律：当刚体所受合外力矩 $M=0$ 时，刚体的角动量保持不变。

角动量守恒定律不仅对质点、刚体适用，对“由质点和刚体组成的系统”以及“人体”这样的非刚体都适用。

例 2-6　一根静止的细棒，长为 l，质量为 M，可绕 O 轴在水平面内(纸面)转动，如图 2-6 所示。一个质量为 m 速率为 v 的子弹在水平面内沿与细棒垂直的方向射入棒的另一端，设子弹穿过棒后的速率减为 $\frac{v}{2}$。求：(1)细棒获

图　2-6

得的角速度；(2) 若水平面的摩擦系数为 μ，则经过多少时间细棒停止转动。

分析：(1) 这是质点和刚体的碰撞问题。以子弹和棒作为讨论对象，系统所受的外力有棒和子弹的重力，水平桌面对棒的支持力，棒与水平桌面之间的摩擦力，轴承对棒的摩擦力和支承力。棒的重力和水平桌面的支持力抵消，子弹的重力对轴心的力矩在转轴方向的分量为零，支承力的力矩为零，摩擦力矩的冲量矩在碰撞瞬间可以忽略，所以系统所受合外力矩 $M=0$，系统角动量守恒。

(2) 子弹和细棒碰撞后，棒获得一个角速度 ω，棒在水平面转动时受到摩擦阻力矩的作用，角速度逐渐变小直至停止转动，因此第(2)问对细棒用角动量定理。

解答：(1) 设垂直纸面向外为角动量的正方向，子弹入射前对 O 点的角动量为

$$L_0 = mvl$$

子弹穿过棒后，系统的角动量为

$$L = ml\,\frac{v}{2} + J\omega$$

因此

$$mvl = ml\cdot\frac{v}{2} + J\omega$$

而 $J=\frac{1}{3}Ml^2$，代入得

$$\omega = \frac{3Mv}{2ml}$$

ω 为正值，表示棒在水平面内沿逆时针方向转动。

(2) 以 O 为原点，沿棒水平向右为 x 轴，细棒所受摩擦阻力矩为

$$M_f = -\int_0^l \mu g x\cdot\frac{M}{l}\mathrm{d}x = -\frac{1}{2}\mu Mgl$$

由角动量定理：

$$M_f\cdot\Delta t = 0 - J\omega$$

得

$$\Delta t = \frac{mv}{\mu Mg}$$

注意：质点力学中，质点和质点的碰撞系统所受合外力 $F_{合}=0$，满足动量守恒。而质点和刚体碰撞时，在 O 轴处，轴承对棒的支承力是很大的，因此系统所

受合外力 $F_{合}\neq 0$，系统动量不守恒。但轴承处的支承力的力矩为零，因此系统角动量守恒。

例 2-7　在半径为 R 的具有光滑竖直固定中心轴的水平圆盘上，有一人静止站立在距离转轴为$\dfrac{R}{2}$处，人的质量是圆盘质量的$\dfrac{1}{10}$，开始时盘载人相对地以角速度 ω_0 匀速转动，如果此人垂直圆盘半径相对于盘以速度 v 沿与盘转动相反的方向作圆周运动，如图 2-7 所示。已知圆盘对中心轴的转动惯量为$\dfrac{MR^2}{2}$，求：

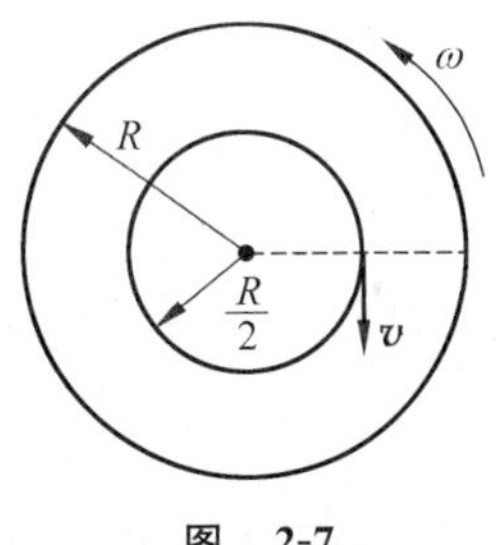

图　2-7

(1) 圆盘对地的角速度；

(2) 欲使圆盘对地静止，人沿着$\dfrac{R}{2}$圆周对圆盘的速度 v 的大小及方向。

分析：把人和圆盘看作一个系统，系统所受外力情况和例 2-6 相似。人在盘面上走动，人与盘面间的摩擦力属于内力，因此系统满足角动量守恒。但此题中给出的盘的角速度是相对地面，而人相对盘的速率是 v。用系统角动量守恒时，必须选择相同的参考系。这里是以地面为参考系，系统角动量守恒。

解答：(1) 设圆盘对地的角速度为 ω，则人对地转动的角速度为

$$\omega' = \omega - \frac{v}{R/2} = \omega - \frac{2v}{R}$$

设圆盘质量为 M，则人质量为$\dfrac{M}{10}$。人与盘视为系统，则系统的角动量守恒，即

$$\left[\frac{1}{2}MR^2 + \frac{M}{10}\left(\frac{1}{2}R\right)^2\right]\omega_0 = \frac{1}{2}MR^2\omega + \frac{M}{10}\left(\frac{1}{2}R\right)^2\omega'$$

由以上两式，得

$$\omega = \omega_0 + \frac{2v}{21R}$$

(2) 欲使盘对地静止，则由上式可知

$$\omega = \omega_0 + \frac{2v}{21R} = 0$$

所以

$$v = -\frac{21R\omega_0}{2}$$

式中负号表示人的走动方向与上一问中人的走动方向相反，即与盘的初始转动

方向一致。

*(四) 力矩的功　定轴转动的动能定理

1. 力矩的功

$$W=\int_{\theta_1}^{\theta_2} M\mathrm{d}\theta \tag{2-15}$$

功率

$$P=\frac{\mathrm{d}W}{\mathrm{d}t}=M\omega \tag{2-16}$$

注意：力矩做功本质上就是力做功，由于刚体是定轴转动，故考虑力矩做功比较方便。若有一外力作用于一个系统，可考虑该力做功，也可考虑该力产生的力矩做功，但不可重复考虑。

2. 定轴转动的动能定理

(1) 刚体转动的转动动能

$$E_{\mathrm{k}}=\frac{1}{2}J\omega^2 \tag{2-17}$$

(2) 刚体定轴转动的动能定理

$$\int_{\theta_1}^{\theta_2} M\mathrm{d}\theta=\frac{1}{2}J\omega_2^2-\frac{1}{2}J\omega_1^2 \tag{2-18}$$

注意：刚体的转动动能公式是根据刚体上每一个质元的平动动能求总和得到的，只不过是把刚体作为一整体用描述转动的物理量表示出来，这样解决问题更方便。因此动能定理对质点适用，对刚体适用，对由质点和刚体组成的系统同样适用。

例 2-8　水平桌面上有一质量为 M、长为 L 的细棒，可绕其一端的轴在桌面上转动，桌面的摩擦系数为 μ，开始时细棒静止。有一质量为 m 的子弹以速度 v_0 垂直细棒射入棒的另一端并留在其中和棒一起转动，忽略子弹重力造成的摩擦阻力矩。

(1) 求子弹射入棒后细棒所获得的共同的角速度 ω；

(2) 细棒在桌面上能转几圈？

分析：(1) 此题和例 2-6 类似，是质点和刚体的碰撞问题，只是此题是碰撞后子弹留在杆内，是完全非弹性碰撞问题。这种刚体和质点的碰撞问题都满足系统角动量守恒。

(2) 细棒碰撞后获得角速度,在桌面上旋转受到摩擦阻力矩,摩擦阻力矩做功使得系统的转动动能减小直至棒停止转动,因此对系统使用动能定理可求得结果。

解答:(1) 质点和刚体碰撞过程中系统满足角动量守恒,即

$$mv_0L=(J+mL^2)\omega$$

而 $J=\frac{1}{3}ML^2$,故

$$\omega=\frac{3mv_0}{(M+3m)L}$$

(2) 细棒所受摩擦阻力矩为

$$M_f=-\int_0^L x\mu g\frac{M}{L}\mathrm{d}x=-\frac{1}{2}\mu MgL$$

由定轴转动的动能定理,有

$$M_f\Delta\theta=0-\frac{1}{2}\left(\frac{1}{3}ML^2+mL^2\right)\omega^2$$

得

$$\Delta\theta=\frac{3m^2v_0^2}{(M+3m)\mu MgL}$$

圈数

$$n=\frac{\Delta\theta}{2\pi}=\frac{3m^2v_0^2}{2\pi\mu MgL(M+3m)}$$

三、难点分析

前面许多内容中学物理作过讨论,有一定基础,本章则不同,许多物理量和物理概念都是中学没有涉及过的,初学者往往感到较难。

难点之一是摩擦力矩的计算,处理这个问题用微元法。选取适当的微元(如圆环、微小长度等),写出这个微元所受的摩擦力矩 dM,然后可对其积分求出 M。详细方法可参见学习指导部分的例 2-3 和例 2-6 的第(2)小问。

难点之二是运用转动定律处理包含质点(平动物体)和定轴转动刚体的问题(如阿特伍德机),初学者不会分析列式。解决这类问题可分以下几步:第一步,对相关联的物体(平动物体和定轴转动刚体)用"隔离体法"作受力分析和对轴的

力矩分析；第二步，取定正方向后，分别对平动物体运用牛顿第二定律和对定轴转动刚体运用转动定律列式，建立方程；第三步，找出方程中角量、线量的关系；第四步，解方程组得解。要注意方程中所有的力矩、转动惯量以及角量对同一个转轴，而且正方向需取得一致。初学者往往在系统正方向需一致上出错，详细可参见学习指导的例 2-4。

难点之三是质点和刚体的碰撞问题。质点和刚体的碰撞仍然有 3 种：完全弹性碰撞、非完全弹性碰撞和完全非弹性碰撞。其中完全弹性碰撞能量守恒，另两种碰撞能量不守恒，但质点和刚体的碰撞问题系统所受合外力不等于 0，系统动量不守恒；但系统所受合外力矩等于 0，系统角动量守恒。初学者往往都会考虑成动量守恒。

四、练一练

（一）选择题

1. 关于刚体对轴的转动惯量，下列说法正确的是（　　）。

(A) 只取决于刚体的质量，与质量的空间分布和轴的位置无关

(B) 取决于刚体的质量和质量的空间分布，与轴的位置无关

(C) 取决于刚体的质量、质量的空间分布和轴的位置

(D) 只取决于转轴的位置，与刚体的质量和质量的空间分布无关

2. 有两个半径相同、质量相等的细圆环 A 和 B，A 环质量分布均匀，B 环的质量分布不均匀，它们对通过环心并与环面垂直的轴的转动惯量分别为 J_A 和 J_B，则（　　）。

(A) $J_A > J_B$　　(B) $J_A < J_B$

(C) $J_A = J_B$　　(D) 不能确定 J_A、J_B 哪个大

3. 两个匀质圆盘 A 和圆盘 B 的密度分别为 ρ_A 和 ρ_B，若 $\rho_A > \rho_B$，但两圆盘的质量与厚度相同，如两盘对通过盘心且垂直于盘面的轴的转动惯量各为 J_A 和 J_B，则（　　）。

(A) $J_A > J_B$　　(B) $J_A < J_B$

(C) $J_A = J_B$　　(D) 不能确定 J_A、J_B 哪个大

4. 一个质量为 m 的空心圆盘，它的外半径为 R，内半径为 $\dfrac{R}{\sqrt{2}}$，它绕中心轴

的转动惯量为(　　)。

(A) mR^2　　(B) $\frac{3}{4}mR^2$　　(C) $\frac{1}{2}mR^2$　　(D) $\frac{1}{4}mR^2$

5. 半径为 R、质量为 M 的均匀圆盘,靠边挖去直径为 R 的一个圆孔,如图 2-8 所示。对通过盘中心且与盘面垂直的 O 轴的转动惯量为(　　)。

(A) $\frac{3}{8}MR^2$　　(B) $\frac{7}{16}MR^2$

(C) $\frac{13}{32}MR^2$　　(D) $\frac{15}{32}MR^2$

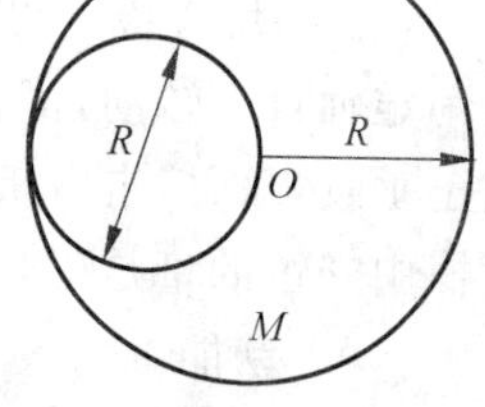

图　2-8

6. 刚体在一力矩作用下绕定轴转动,当力矩减小时刚体的(　　)。

(A) 角速度和角加速度都增加

(B) 角速度增加,角加速度减小

(C) 角速度减小,角加速度增加

(D) 角速度和角加速度都减小

7. 均匀细棒 OA 可绕通过其一端 O 而与棒垂直的水平固定光滑轴转动。今使棒从水平位置由静止开始自由下落,在棒摆动到竖直位置的过程中,下述说法正确的是(　　)。

(A) 角速度从小到大,角加速度从大到小

(B) 角速度从小到大,角加速度从小到大

(C) 角速度从大到小,角加速度从大到小

(D) 角速度从大到小,角加速度从小到大

8. 有两个力作用在一个有固定转轴的刚体上,下列说法正确的是(　　)。

(A) 这两个力都平行于轴作用时,它们对轴的合力矩一定是零

(B) 这两个力都垂直于轴作用时,它们对轴的合力矩一定是零

(C) 当这两个力的合力为零时,它们对轴的合力矩也一定是零

(D) 当这两个力对轴的合力矩为零时,它们的合力也一定是零

9. 有人把一圆柱体放在光滑斜面上,放手后圆柱体将沿斜面(　　)。

(A) 有滚不滑　　(B) 只滑不滚

(C) 又滚又滑　　(D) 不能确定

10. 如图 2-9 所示,有一个小块物体,置于一个光滑的水平桌面上,有一绳,其一端连接此物体,另一端穿过桌面中心的小孔。该物体原以角速度 ω 在距孔

为 R 的圆周上转动，今将绳从小孔缓慢往下拉，则物体(　　)。

(A) 动能不变，动量改变，角动量改变

(B) 动量不变，动能改变，角动量改变

(C) 角动量不变，动量不变，动能改变

(D) 角动量不变，动能、动量都改变

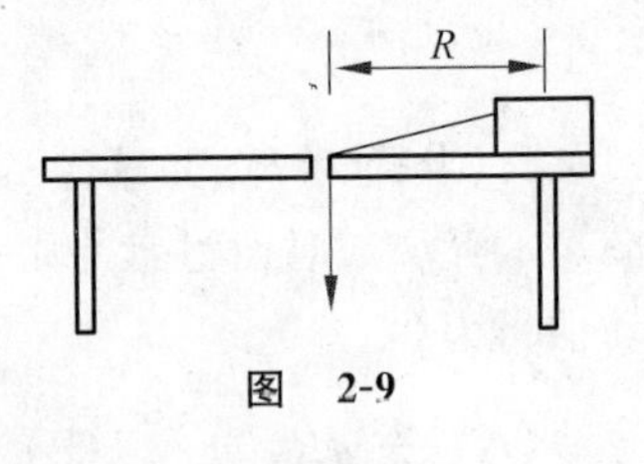

图 2-9

11. 一块方板，可以绕通过其一个水平边的光滑固定轴自由转动，最初板自由下垂。今有一小团粘土垂直板面撞击方板，并粘在板上，对粘土和方板系统，如果忽略空气阻力，在碰撞中守恒的量是(　　)。

(A) 动能　　(B) 绕木板转轴的角动量

(C) 机械能　　(D) 动量

12. 花样滑冰运动员绕自身的竖直轴转动，开始时两臂伸开，转动惯量为 J_0，角速度为 ω_0，然后她将两臂收回，使转动惯量减小为 $\frac{J_0}{3}$。这时她转动的角速度变为(　　)。

(A) $\frac{\omega_0}{3}$　　(B) $\frac{1}{\sqrt{3}}\omega_0$　　(C) $3\omega_0$　　(D) $\sqrt{3}\omega_0$

13. 一圆形台面可绕中心轴无摩擦地转动，有一辆玩具小汽车相对台面静止启动，绕轴作圆周运动，然后小汽车又突然刹车，在这整个过程中(　　)。

(A) 机械能和角动量都守恒　　(B) 机械能不守恒，角动量守恒

(C) 机械能守恒，角动量不守恒　　(D) 机械能和角动量都不守恒

(二) 填空题

1. 可绕水平轴转动的飞轮，直径为 1.0m。一条绳子绕在飞轮的外周边缘上，如果从静止开始作匀角加速运动且在 4s 内绳被展开 10m，则飞轮的角加速度为________。

2. 半径为 30cm 的飞轮，从静止开始以 0.50rad/s^2 的匀角加速度转动，则飞轮边缘上一点在飞轮转过 240°时的切向加速度 $a_t=$________，法向加速度 $a_n=$________。

3. 一轻绳绕在有水平轴的定滑轮上，滑轮的转动惯量为 J，绳下端挂一物体。已知物体所受重力为 P，滑轮的角加速度为 β。若将物体去掉而以与 P 相等的力直接向下拉绳子，滑轮的角加速度 β 将________。(填“变小”、“变大”或

"不变")

4. 一长为 L 的轻质细杆，两端分别固定质量为 m 和 $2m$ 的小球，此系统在竖直平面内可绕过中点 O 且与杆垂直的水平光滑固定轴(O 轴)转动。开始时杆与水平面成 60°角，处于静止状态(图 2-10)。无初速地释放以后，杆球这一刚体系统绕 O 轴转动，系统绕 O 轴的转动惯量 $J=$________。刚体释放时受到的合外力矩 $M=$________，角加速度 $\beta=$________。

5. 半径为 R 具有光滑轴的定滑轮边缘绕一细绳，绳的下端挂一质量为 m 的物体，绳的质量可以忽略，绳与定滑轮之间无相对滑动。若物体下落的加速度为 a，则定滑轮对轴的转动惯量 $J=$________。

6. 一质点的角动量为 $\boldsymbol{L}=6t^2\boldsymbol{i}-(2t+1)\boldsymbol{j}+(12t^3-8t^2)\boldsymbol{k}$，则质点在 $t=1\text{s}$ 时所受合力矩 $\boldsymbol{M}=$________。

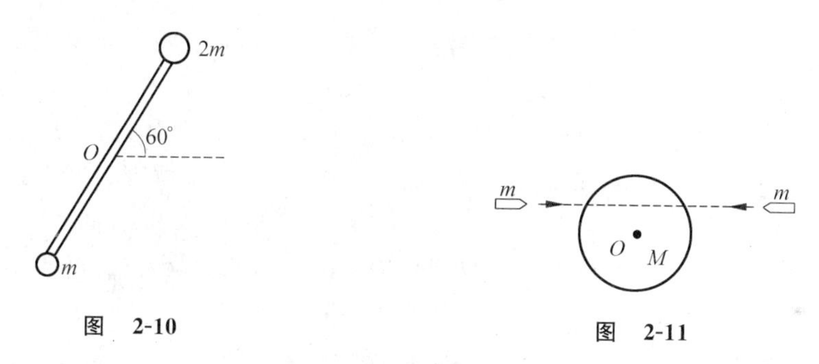

图　2-10　　　　图　2-11

7. 一圆盘正绕垂直于盘面的水平光滑固定轴 O 转动，如图 2-11 所示，现射来两个质量相同、速度大小相同、方向相反并在一条直线上的子弹，子弹射入圆盘并且留在盘内，则子弹射入后的瞬间，圆盘的角速度 ω 将________。(填"变小"、"变大"或"不变")

*8. 一均匀细杆可绕离其一端 $\frac{L}{4}$(L 为杆长)的水平轴 O 在竖直平面内转动，杆的质量为 m。当杆自由悬挂时，给它一个起始角速度 ω，若杆恰能持续转动而不摆动(摩擦不计)，则 ω 最小应为________。

第 3 章　气体动理论

一、基 本 要 求

1. 了解气体分子热运动的图像，理想平衡态、理想气体等概念，掌握理想气体的物态方程。

2. 理解理想气体的压强公式和温度公式，了解建立宏观量与微观量的联系并阐明宏观量微观本质的方法。

3. 理解自由度的概念，理解能量均分定理，掌握理想气体内能公式。

4. 理解速率分布函数和速率分布曲线的物理意义，了解麦克斯韦速率分布定律及三种统计速率。

5. 了解气体分子平均碰撞次数和平均自由程的概念及公式。

二、主要内容及例题

(一) 平衡态　理想气体物态方程

1. 平衡态：系统在不受外界影响的条件下，其宏观性质不随时间变化的状态称为平衡态。气体的平衡态在 p-V 图上可用一个点表示。

2. 理想气体的物态方程：

$$pV=\frac{M}{M_{\mathrm{m}}}RT \tag{3-1}$$

或

$$p=nkT \tag{3-2}$$

式中，M 为气体的质量；M_{m} 为该气体的摩尔质量；R 为气体普适常数；$k=\dfrac{R}{N_{\mathrm{A}}}$为

玻尔兹曼常数；$n=\frac{N}{V}$为气体的分子数密度；N 为气体的总分子数。p、V、T 为气体的状态参量压强、体积和温度。

例 3-1　在标准状态下，任何 1m^3 的理想气体含有的分子数为多少？

分析：标准状态下，理想气体的 p 和 T 都已知，1mol 理想气体的体积 V_{mol} 和 1mol 理想气体所含有的分子数 N_A 都已知，因此利用中学的方法$\frac{N_A}{V_{\text{mol}}}$可求得结果。另外利用理想气体物态方程式(3-2)亦可求得。

解答：方法一

$$n=\frac{N_A}{V_{\text{mol}}}=\frac{6.02\times10^{23}}{22.4\times10^{-3}}\approx2.69\times10^{25}(\text{m}^{-3})$$

方法二

$$n=\frac{p}{kT}=\frac{1.013\times10^5}{1.38\times10^{-23}\times273}\approx2.69\times10^{25}(\text{m}^{-3})$$

注意：解法中方法二具有普遍性，可求出非标准状态下的分子数密度。详见例 3-2 的第(1)问。

（二）理想气体的压强和温度的统计意义

1. 理想气体的压强公式

$$p=\frac{1}{3}nm\overline{v^2}=\frac{2}{3}n\bar{\varepsilon}_k \tag{3-3}$$

其中，$\bar{\varepsilon}_k=\frac{1}{2}m\overline{v^2}$为分子平均平动动能；$m$ 为单个分子的质量。

该式给出了宏观量 p 与微观量的统计平均值 n、$\bar{\varepsilon}_k$之间的关系。宏观上讲，压强是单位面积容器壁所受到的气体的作用力；从微观上看，则是大量气体分子持续不断与器壁碰撞给予器壁的平均冲力。

2. 温度的统计解释

气体分子的平均平动动能与温度的关系为

$$\bar{\varepsilon}_k=\frac{3}{2}kT \tag{3-4}$$

该式表示了宏观量 T 和微观量的平均值$\bar{\varepsilon}_k$之间的关系。温度从宏观上说是表征气体处于热平衡状态的物理量；从微观角度来看，温度 T 是气体分子平均平动动能的量度，它表征大量气体分子热运动的剧烈程度，是大量分子热运动的统计平均结果。温度对个别分子而言是没有意义的。

例 3-2 一容器中储有氧气，已知 $V=1.20\times10^{-2}\,\mathrm{m}^3$，$p=8.31\times10^5\,\mathrm{Pa}$，$T=300\mathrm{K}$，试求：

(1) 单位体积中的分子数 n；

(2) 分子的平均平动动能 $\bar{\varepsilon}_k$。

分析：(1) 已知 p、T，求 n。在例 3-1 中已求了标准状态下的 n，而由理想气体物态方程 $p=nkT$ 可求非标准状态下的 n。

(2) 分子的平均平动动能公式见式(3-4)。直接利用公式可求得。

解答：(1) $n=\dfrac{p}{kT}=\dfrac{8.31\times10^5}{1.38\times10^{-23}\times300}\approx2.01\times10^{26}(\mathrm{m}^{-3})$

(2) $\bar{\varepsilon}_k=\dfrac{3}{2}kT=\dfrac{3}{2}\times1.38\times10^{-23}\times300=6.21\times10^{-21}(\mathrm{J})$

（三）能量均分定理　理想气体的内能

1. 自由度：确定一个物体空间位置所需要的独立坐标数简称为自由度。自由度用 i 表示，对单原子分子 $i=3$，刚性双原子分子 $i=5$，刚性多原子分子 $i=6$。

2. 能量均分定理：在平衡态时，气体分子的每一自由度都具有大小等于 $\dfrac{1}{2}kT$ 的平均动能。自由度为 i 的一个分子的平均动能为

$$\bar{\varepsilon}=\frac{i}{2}kT \tag{3-5}$$

注意：能量均分定理是大量气体分子统计平均所得的结果，对个别分子来说，在某一瞬时，每一个自由度上的能量和总能量完全可能与能量均分定理所确定的平均值有很大的差别。

3. 理想气体的内能

$$E=\frac{M}{M_m}\cdot\frac{i}{2}RT=\nu\cdot\frac{i}{2}RT \tag{3-6}$$

式中，ν 为摩尔数。因此理想气体的内能仅仅是温度的函数，此处从微观上解释了其原因。

例 3-3 指出下列各式所表示的物理意义。

(1) $\dfrac{1}{2}kT$；(2) $\dfrac{3}{2}kT$；(3) $\dfrac{i}{2}kT$；(4) $\dfrac{i}{2}RT$；(5) $\dfrac{M}{M_m}\cdot\dfrac{i}{2}RT$

解答：(1) $\frac{1}{2}kT$ 表示理想气体分子每一自由度上所具有的平均动能。

(2) $\frac{3}{2}kT$ 表示分子的平均平动动能或单原子分子的平均动能。

(3) $\frac{i}{2}kT$ 表示自由度为 i 的分子的平均动能。

(4) $\frac{i}{2}RT$ 表示分子自由度为 i 的 1mol 理想气体的内能。

(5) $\frac{M}{M_m}\cdot\frac{i}{2}RT$ 表示质量为 M 的分子自由度为 i 的理想气体的内能。

例 3-4 在标准状态下，体积比为 1∶2 的氧气和氦气(均视为刚性分子理想气体)相混合，混合气体中氧气和氦气的内能之比为多少?

分析：两种气体在标准状态下混合，混合后温度均不变，所以混合前后的内能之比不变。直接利用理想气体的内能公式(3-4)和理想气体物态方程式(3-1)可求得。

解答：由于氧气和氦气是在标准状态下混合的，温度均不变，所以混合前后的内能之比不变，则有

$$E=\frac{M}{M_m}\cdot\frac{i}{2}RT=\frac{i}{2}pV$$

混合前两种气体的压强相同，故

$$E_{O_2}:E_{He}=i_{O_2}V_{O_2}:i_{He}V_{He}=5:6$$

例 3-5 两瓶理想气体 A 和 B，A 为 1mol 氧，B 为 1mol 甲烷(CH_4)，它们的内能相同(均视为刚性分子)。那么它们分子的平均转动动能之比 $\bar{\varepsilon}_{krA}:\bar{\varepsilon}_{krB}$ 为多少?

分析：要求转动动能，由能量均分定理可得 $\bar{\varepsilon}_{kr}=\frac{i_{转}}{2}kT$。而双原子分子的转动自由度 $i_{转A}=2$，多原子分子的转动自由度 $i_{转B}=3$。又 A、B 两气体内传相等，利用式(3-6)，即可得两气体的温度关系。

解答：

$$\bar{\varepsilon}_{krA}:\bar{\varepsilon}_{krB}=\frac{i_{转A}}{2}kT_A:\frac{i_{转B}}{2}kT_B=2T_A:3T_B$$

又因

$$E_A=E_B,\quad \frac{i_A}{2}RT_A=\frac{i_B}{2}RT_B$$

得

$$T_A : T_B = i_B : i_A = 2T_A : 3T_B = 4 : 5$$

故

$$\bar{\varepsilon}_{krA} : \bar{\varepsilon}_{krB} = 2T_A : 3T_B = 4 : 5$$

(四) 气体分子热运动的速率分布

1. 速率分布函数的定义

$$f(v) = \frac{dN}{N dv} \tag{3-7}$$

式中 N 为系统总分子数，dN 为速率在 $v \sim v+dv$ 区间内的分子数，$f(v)$ 表示在速率 v 附近单位速率区间内的分子数占总分子数的比率。速率分布函数满足归一化条件

$$\int_0^\infty f(v) dv = 1 \tag{3-8}$$

2. 某物理量 G(v)的平均值的公式

$$\overline{G(v)} = \int_0^\infty G(v) f(v) dv \tag{3-9}$$

例如，所有气体分子的平均速率为

$$\bar{v} = \int_0^\infty v f(v) dv \tag{3-10}$$

速率在某区间 $v_1 \sim v_2$ 内的分子的某物理量 $G(v)$ 平均值公式为

$$\overline{G(v)} = \frac{\int_{v_1}^{v_2} G(v) f(v) dv}{\int_{v_1}^{v_2} f(v) dv} \tag{3-11}$$

例如，速率在 $v_1 \sim v_2$ 区间内的分子的平均速率为

$$\frac{\int_{v_1}^{v_2} v f(v) dv}{\int_{v_1}^{v_2} f(v) dv}$$

注意：求速率在 $v_1 \sim v_2$ 区间内的分子的平均速率，应该是这些分子的速率之和除以这些分子的个数 N' 而不是除以总分子数 N。即

$$\frac{\int_{v_1}^{v_2} v dN}{N'} = \frac{\int_{v_1}^{v_2} v N f(v) dv}{\int_{v_1}^{v_2} N f(v) dv} = \frac{\int_{v_1}^{v_2} v f(v) dv}{\int_{v_1}^{v_2} f(v) dv}$$

3. 麦克斯韦速率分布函数

麦克斯韦从理论上导出了理想气体在平衡态下的速率分布函数的形式为

$$f(v) = 4\pi\left(\frac{m}{2\pi kT}\right)^{3/2} v^2 e^{-mv^2/2kT} \tag{3-12}$$

$f(v)$与 v 的关系曲线称为速率分布曲线，如图 3-1 所示。图中阴影部分的面积为 $\int_{v_1}^{v_2} f(v)\mathrm{d}v$ 表示分子速率在 $v_1 \sim v_2$ 区间内的概率。

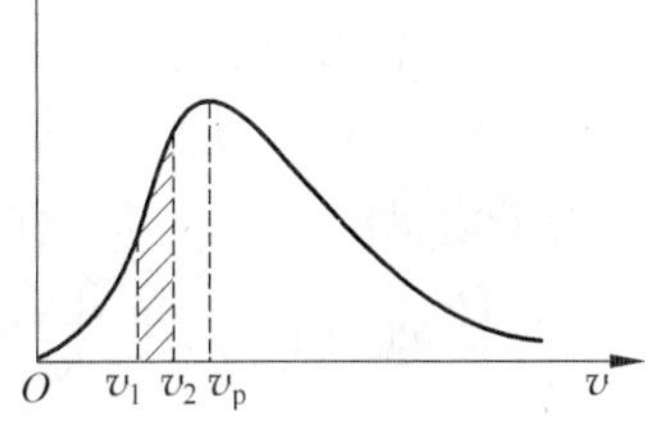

图　3-1

4. 三种统计速率

(1) 最概然速率 v_p

$f(v)$-v 的关系曲线中，与 $f(v)$的极大值对应的速率叫最概然速率(见图 3-1)，从麦克斯韦速率分布函数可求得

$$v_p = \sqrt{\frac{2kT}{m}} = \sqrt{\frac{2RT}{M_m}} \approx 1.41\sqrt{\frac{RT}{M_m}} \tag{3-13}$$

它表示分子的速率在 v_p 附近的概率最大。

(2) 平均速率$\bar{v}$

$$\bar{v} = \int_0^\infty vf(v)\mathrm{d}v = \sqrt{\frac{8kT}{\pi m}} = \sqrt{\frac{8RT}{\pi M_m}} \approx 1.60\sqrt{\frac{RT}{M_m}} \tag{3-14}$$

(3) 方均根速率$\sqrt{\overline{v^2}}$

$$\overline{v^2} = \int_0^\infty v^2 f(v)\mathrm{d}v = \frac{3kT}{m}$$

$$\sqrt{\overline{v^2}} = \sqrt{\frac{3kT}{m}} = \sqrt{\frac{3RT}{M_m}} \approx 1.73\sqrt{\frac{RT}{M_m}} \tag{3-15}$$

注意：气体的三种特征速率都是根据大量分子热运动的速率分布规律而得到的，因此具有统计意义。

例 3-6　试说明下列各式的物理意义：

(1) $f(v)\mathrm{d}v$；　(2) $Nf(v)\mathrm{d}v$；　(3) $\int_{v_1}^{v_2} f(v)\mathrm{d}v$；　(4) $\int_{v_1}^{v_2} Nf(v)\mathrm{d}v$；

(5) $\int_{v_1}^{v_2} vNf(v)\mathrm{d}v$

分析：根据分布函数 $f(v)$的定义

$$f(v)\mathrm{d}v=\frac{\mathrm{d}N}{N}$$

式中 N 为系统总分子数，$\mathrm{d}N$ 为速率在 $v\sim v+\mathrm{d}v$ 区间内的分子数，则可得到以上各式的物理意义。

解答：(1) $f(v)\mathrm{d}v=\dfrac{\mathrm{d}N}{N}$

表示速率在 $v\sim v+\mathrm{d}v$ 区间内的分子数占总分子数的比率，或分子速率处在 $v\sim v+\mathrm{d}v$ 区间内的概率。

(2) $Nf(v)\mathrm{d}v=\mathrm{d}N$

表示速率在 $v\sim v+\mathrm{d}v$ 区间内的分子数。

(3) $\displaystyle\int_{v_1}^{v_2}f(v)\mathrm{d}v=\int_{v_1}^{v_2}\frac{\mathrm{d}N}{N}$

表示速率在 $v_1\sim v_2$ 区间内的分子数占总分子数的比或分子速率处在 $v_1\sim v_2$ 区间内的概率。

(4) $\displaystyle\int_{v_1}^{v_2}Nf(v)\mathrm{d}v=\int_{v_1}^{v_2}\mathrm{d}N$

表示速率在 $v_1\sim v_2$ 区间内的分子数。

(5) $\displaystyle\int_{v_1}^{v_2}vNf(v)\mathrm{d}v=\int_{v_1}^{v_2}v\mathrm{d}N$

表示速率在 $v_1\sim v_2$ 区间内的分子速率之和。

例 3-7 已知一个由 N 个粒子组成的系统，平衡态下粒子的速率分布曲线如图 3-2 所示。

试求：(1) 图中常数 a；

(2) 粒子的平均速率。

分析：这是一道已知速率分布函数曲线，求平均速率的问题。首先由速率分布曲线得到 $f(v)$的表达式，由于 $f(v)$是归一化的，满足归一化条件，即可求得常数 a。得到 $f(v)$后就可求得$\bar{v}$。

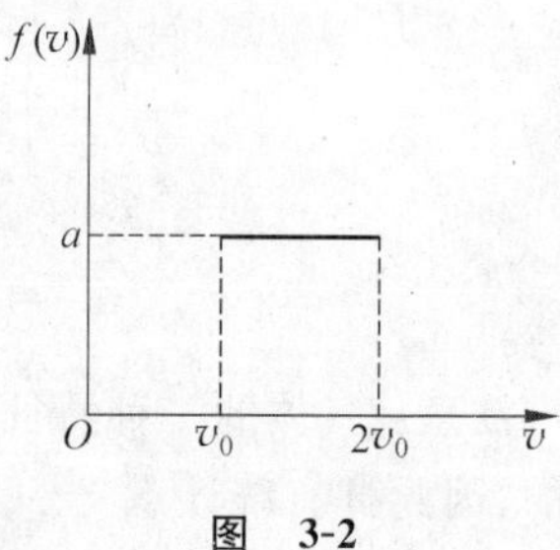

图 3-2

解答：(1) 由图可知

$$f(v)=\begin{cases}a, & v_0\leqslant v\leqslant 2v_0\\ 0, & v<v_0, v>2v_0\end{cases}$$

由于 $f(v)$满足

$$\int_0^{\infty} f(v)\mathrm{d}v = 1$$

即

$$\int_{v_0}^{2v_0} a\mathrm{d}v = 1$$

得

$$a = \frac{1}{v_0}$$

（2）由(1)可知

$$f(v) = \begin{cases} \dfrac{1}{v_0}, & v_0 \leqslant v \leqslant 2v_0 \\ 0, & v < v_0, v > 2v_0 \end{cases}$$

则

$$\bar{v} = \int_0^{\infty} vf(v)\mathrm{d}v = \int_{v_0}^{2v_0} \frac{1}{v_0} \cdot v\mathrm{d}v = \frac{3}{2}v_0$$

拓展：本题若求速率在 $v_0 \sim \frac{3}{2}v_0$ 区间内分子的平均速率呢？

由式(3-11)可知：速率在 $v_0 \sim \frac{3}{2}v_0$ 区间内的分子的平均速率应该是这些分子的速率之和除以这些分子的个数。即

$$\bar{v} = \frac{\int_{v_0}^{\frac{3}{2}v_0} vf(v)\mathrm{d}v}{\int_{v_0}^{\frac{3}{2}v_0} f(v)\mathrm{d}v} = \frac{\frac{1}{v_0}\int_{v_0}^{\frac{3}{2}v_0} v\mathrm{d}v}{\frac{1}{v_0}\left(\frac{3}{2}v_0 - v_0\right)} = \frac{5}{4}v_0$$

例 3-8　试计算常温 27℃时氧气分子的最概然速率、平均速率和方均根速率。

分析：这是计算气体分子的三种特征速率。由式(3-13)～式(3-15)可直接得到。

解答：由题意知

$$T = 300\text{K}, \quad M_{\text{m}} = 32 \times 10^{-3}\,\text{kg/mol}$$

因此

$$v_{\text{p}} = \sqrt{\frac{2RT}{M_{\text{m}}}} = \sqrt{\frac{2 \times 8.31 \times 300}{32 \times 10^{-3}}} = 394.7(\text{m/s})$$

$$\bar{v} = \sqrt{\frac{8RT}{\pi M_{\text{m}}}} = \sqrt{\frac{8 \times 8.31 \times 300}{\pi \times 32 \times 10^{-3}}} = 445.4(\text{m/s})$$

$$\sqrt{\overline{v^2}}=\sqrt{\frac{3RT}{M_m}}=\sqrt{\frac{3\times 8.31\times 300}{32\times 10^{-3}}}=483.4(\mathrm{m/s})$$

可见：通常温度下气体分子的三种特征速度是很大的，一般可达到数百米每秒。

*（五）气体分子的平均碰撞次数和平均自由程

单位时间内，一个分子与其他分子碰撞的平均次数

$$\overline{Z}=\sqrt{2}\pi d^2\ \overline{v}n \tag{3-16}$$

分子在连续两次碰撞间所经过的路程的平均值

$$\overline{\lambda}=\frac{\overline{v}}{\overline{Z}}=\frac{1}{\sqrt{2}\pi d^2 n}=\frac{kT}{\sqrt{2}\pi d^2 p} \tag{3-17}$$

式中 d 为分子的有效直径。由式(3-17)可见，当温度恒定时，平均自由程与压强成反比。

例 3-9 试求标准状态下空气分子的平均自由程 $\overline{\lambda}$、平均速率 $\overline{v}$ 和平均碰撞次数 $\overline{Z}$。已知空气的平均摩尔质量为 $2.9\times10^{-2}\,\mathrm{kg/mol}$，空气分子的有效直径 $d=3.5\times10^{-10}\,\mathrm{m}$。

分析：此题求平均自由程 $\overline{\lambda}$、平均速率 $\overline{v}$ 和平均碰撞次数 $\overline{Z}$，而标准状态下 T、p 都已知，由式(3-17)可先求得 $\overline{\lambda}$，再由平均速率公式(3-14)可求得 $\overline{v}$，而 $\overline{Z}=\overline{v}/\overline{\lambda}$ 也可求得。

解答：标准状态下，$T=273\mathrm{K}$，$p=1.013\times10^5\,\mathrm{Pa}$，则

$$\overline{\lambda}=\frac{kT}{\sqrt{2}\pi d^2 p}=\frac{1.38\times10^{-23}\times 273}{1.414\times 3.14\times(3.5\times10^{-10})^2\times 1.013\times10^5}$$

$$\approx 6.8\times10^{-8}(\mathrm{m})$$

$$\overline{v}=\sqrt{\frac{8RT}{\pi\overline{M}}}=\sqrt{\frac{8\times 8.31\times 273}{3.14\times 2.9\times 10^{-2}}}\approx 446(\mathrm{m/s})$$

$$\overline{Z}=\frac{\overline{v}}{\overline{\lambda}}\approx 6.6\times10^9(\mathrm{s}^{-1})$$

三、难点分析

在本章的学习中，初学者往往抓不住重点，理不清物理量之间的关系。学习这一章，首先要正确把握每个物理量的物理意义，明确其描述的对象是描述整个

气体的宏观量，还是描述单个气体分子的微观量，亦或是对大量分子的统计平均值。其次对公式的导出方法和过程要理解，对物理量的物理意义要清晰，从而把握公式的成立条件及物理量的物理实质。

本章的难点之一是理想气体压强公式的推导，在推导过程中要明确压强的微观本质，同时应用一些统计的知识。压强公式的推导过程是将宏观量和微观本质建立联系的过程。

难点之二是速率分布函数的意义以及由速率分布函数求物理量的平均值，关键在于要理解速率分布函数的定义式 $f(v)\mathrm{d}v=\frac{\mathrm{d}N}{N}$ 中每个物理量的含义，$f(v)$ 是速率分布函数，N 是气体分子总数，$\mathrm{d}N$ 是速率在 $v\sim v+\mathrm{d}v$ 区间内的分子数。由此定义式展开可得到其他式子的物理意义及物理量的平均值。详见例 3-6 和例 3-7。

四、练 一 练

（一）选择题

1. 在一封闭容器内，理想气体分子的平均速率提高为原来的 2 倍，则（　　）。

(A) 温度和压强都提高为原来的 2 倍

(B) 温度和压强分别为原来的 2 倍和 4 倍

(C) 温度和压强分别为原来的 4 倍和 2 倍

(D) 温度和压强都为原来的 4 倍

2. 两瓶不同类的理想气体，设分子平均平动动能相等，但其分子数密度不相等，则（　　）。

(A) 压强相等，温度相等　　(B) 温度相等，压强不相等

(C) 压强相等，温度不相等　　(D) 方均根速率相等

3. 有容积不同的 A、B 两个容器，A 中装有单原子分子理想气体，B 中装有双原子分子理想气体。若两种气体的压强相同，那么这两种气体单位体积的内能 $(E/V)_{\mathrm{A}}$ 和 $(E/V)_{\mathrm{B}}$ 的关系为（　　）。

(A) $(E/V)_{\mathrm{A}}<(E/V)_{\mathrm{B}}$　　(B) $(E/V)_{\mathrm{A}}>(E/V)_{\mathrm{B}}$

(C) $(E/V)_{\mathrm{A}}=(E/V)_{\mathrm{B}}$　　(D) 不能确定

4. $\int_{v_1}^{v_2} \frac{1}{2}mv^2 Nf(v)\mathrm{d}v$ 的物理意义是(　　)。

(A) 速率为 v_2 的各个分子的总平动动能与速率为 v_1 的各分子的总平动动能之差

(B) 速率为 v_2 的各个分子的总平动动能与速率为 v_1 的各分子的总平动动能之和

(C) 速率处在 $v_1 \sim v_2$ 速率区间内的分子的平均平动动能

(D) 速率处在 $v_1 \sim v_2$ 速率区间内的分子的平动动能之和

5. 某系统由两种理想气体A和B组成,其分子数分别为 N_A 和 N_B。若在某一温度下,A和B气体各自的速率分布函数分别为 $f_A(v)$和 $f_B(v)$,则在同一温度下,由A、B气体组成的系统的速率分布函数为(　　)。

(A) $N_A f_A(v) + N_B f_B(v)$　　(B) $\frac{1}{2}[N_A f_A(v) + N_B f_B(v)]$

(C) $\frac{N_A f_A(v) + N_B f_B(v)}{N_A + N_B}$　　(D) $\frac{N_A f_A(v) + N_B f_B(v)}{2(N_A + N_B)}$

6. 一定量的理想气体,在温度不变的条件下,当压强降低时,分子的平均碰撞次数 $\bar{Z}$ 和平均自由程 $\bar{\lambda}$ 的变化情况是(　　)。

(A) $\bar{Z}$ 和 $\bar{\lambda}$ 都增大　　(B) $\bar{Z}$ 和 $\bar{\lambda}$ 都减小

(C) $\bar{Z}$ 增大,$\bar{\lambda}$ 减小　　(D) $\bar{Z}$ 减小,$\bar{\lambda}$ 增大

(二) 填空题

1. 从气体动理论观点看,气体对器壁所作用的压强是________________________________的宏观表现。

2. 某种刚性双原子分子理想气体,处于温度为 T 的平衡态,则其分子的平均平动动能为________,平均转动动能为________,平均总能量为________,1mol该气体的内能为________。

3. 1mol氮气(看作理想气体),由状态 $A(p_1, V_1)$变到状态 $B(p_2, V_2)$,其内能的增量为________。

4. 当理想气体处于平衡态时,气体分子速率分布函数为 $f(v)$,则分子速率处于最概然速率 v_p 至∞范围内的概率 $\frac{\Delta N}{N}=$________.

5. 随着温度________，速率分布函数曲线变得越来越平坦。

6. 一个容器内有摩尔质量分别为 M_{m1} 和 M_{m2} 的两种不同的理想气体 1 和 2，当此混合气体处于平衡态时，1 和 2 两种气体分子的方均根速率之比为________。

7. 理想气体分子的平均平动动能$\bar{\varepsilon}_k$与热力学温度 T 的关系式为________，此式所揭示的气体温度的统计意义为____。

第4章 热力学基础

一、基本要求

1. 理解准静态过程、内能、功和热量、摩尔热容等概念,理解热力学第零定律。

2. 掌握热力学第一定律,并能熟练地分析、计算理想气体在等容、等压、等温和绝热过程中的功、热量以及内能改变量。

3. 理解循环的意义和循环过程中的能量转换,会计算卡诺循环和其他简单循环热机的效率。了解制冷机的制冷系数的定义。

4. 了解可逆过程和不可逆过程的特点,掌握热力学第二定律的两种表述及本质,了解熵的概念。

二、主要内容及例题

(一)准静态过程、内能、功和热量、摩尔热容

1. 准静态过程

系统状态变化的过程是无限缓慢的,以致使系统所经历的每一中间态都可近似地看成是平衡态,系统的这个状态变化的过程称为准静态过程。准静态过程是为了研究热力学过程所遵循的宏观规律而引入的理想化模型。准静态过程可用状态图上的过程曲线来描述。

2. 内能

内能是系统状态的单值函数。对理想气体而言,内能仅是温度的函数。因此,内能的增量只与系统的始、末状态有关,而与系统所经历的过程无关。有

$$\Delta E=\nu \cdot \frac{i}{2}R\Delta T \tag{4-1}$$

3. 功和热量

当热力学系统经一有限的准静态过程，体积由 V_1 变化到 V_2 时，系统对外界做功为

$$W=\int_{V_1}^{V_2} p\mathrm{d}V \tag{4-2}$$

当系统体积增大时，做功为正，表示系统对外界做功；当系统体积减小时，做功为负，表示外界对系统做功。它在数值上等于 p-V 图上过程曲线下面的面积，如图 4-1 所示。

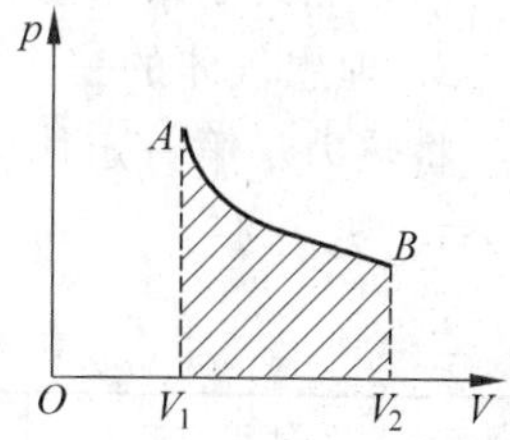

图　4-1

系统与外界之间由于存在温度差而传递的能量叫做热量，用符号 Q 表示。当系统从外界吸热时，$Q>0$；当系统向外界放热时，$Q<0$。

当气体的温度发生变化时，它所吸收的热量为

$$Q=\nu C_{\mathrm{m}}\Delta T \tag{4-3}$$

式中 C_{m} 为摩尔热容，是 1mol 的物质在状态变化过程中温度每升高 1K 所吸收的热量。

注意：内能是状态量，而热量和功是过程量。因此可以说“系统含有内能”，而“系统含有热量”和“系统含有功”的说法是错误的。只有当系统的状态发生变化时，系统才会对外做功或与外界有热量的交换。

4. 摩尔热容

理想气体的定容摩尔热容 $C_{V,\mathrm{m}}$ 是 1mol 的理想气体在等容过程中温度升高 1K 所吸收的热量，即

$$C_{V,\mathrm{m}}=\frac{\mathrm{d}Q_V}{\mathrm{d}T}=\frac{i}{2}R \tag{4-4}$$

理想气体的定压摩尔热容 $C_{p,\mathrm{m}}$ 是 1mol 的理想气体在等压过程中温度升高 1K 所吸收的热量，即

$$C_{p,\mathrm{m}}=\frac{\mathrm{d}Q_p}{\mathrm{d}T}=\frac{i+2}{2}R \tag{4-5}$$

$C_{p,\mathrm{m}}$ 与 $C_{V,\mathrm{m}}$ 之差为

$$C_{p,\mathrm{m}}-C_{V,\mathrm{m}}=R \tag{4-6}$$

摩尔热容比为

$$\gamma = \frac{C_{p,\mathrm{m}}}{C_{V,\mathrm{m}}} = \frac{i+2}{i} \tag{4-7}$$

（二）热力学第一定律及应用

1. 热力学第一定律的数学表达式：

$$Q = \Delta E + W \tag{4-8}$$

式中，Q 为系统从外界吸收的热量；ΔE 为系统内能的增量；W 为系统对外界所做的功。热力学第一定律实质上是能量守恒定律在热力学系统中的体现。

2. 理想气体的三个等值过程和绝热过程

将热力学第一定律应用到理想气体的几个典型过程，得到各过程的一些主要公式，见表 4-1。

表 4-1　理想气体几个典型过程的有关公式

过程	过程方程	内能增量	系统做功	吸收热量
等容	$\frac{p}{T}=$常量	$\nu C_{V,\mathrm{m}}(T_2-T_1)$	0	$\nu C_{V,\mathrm{m}}(T_2-T_1)$
等压	$\frac{V}{T}=$常量	$\nu C_{V,\mathrm{m}}(T_2-T_1)$	$p(V_2-V_1)$或 $\nu R(T_2-T_1)$	$\nu C_{p,\mathrm{m}}(T_2-T_1)$
等温	$pV=$常量	0	$\nu RT\ln\frac{V_2}{V_1}$或$\nu RT\ln\frac{p_1}{p_2}$	$\nu RT\ln\frac{V_2}{V_1}$或$\nu RT\ln\frac{p_1}{p_2}$
绝热	$pV^{\gamma}=$常量 $V^{\gamma-1}T=$常量 $p^{\gamma-1}T^{-\gamma}=$常量	$\nu C_{V,\mathrm{m}}(T_2-T_1)$	$-\nu C_{V,\mathrm{m}}(T_2-T_1)$或 $\frac{p_1V_1-p_2V_2}{\gamma-1}$	0

例 4-1　一定量的某单原子分子理想气体装在封闭的汽缸里。此汽缸有可活动的活塞（活塞与汽缸壁之间无摩擦且不漏气）。已知气体的初压强 $p_1=1\mathrm{atm}$，体积 $V_1=1\mathrm{L}$，现将该气体在等压下加热直到体积变为原来的 2 倍，然后在等体积下加热直到压强变为原来的 2 倍，最后作绝热膨胀，直到温度下降到初温为止。

（1）在 p-V 图上将整个过程表示出来；

（2）试求在整个过程中气体内能的改变；

（3）试求在整个过程中气体所吸收的热量（$1\mathrm{atm}=1.013\times10^5\mathrm{Pa}$）；

（4）试求在整个过程中气体所做的功。

分析：此题经历 3 个过程，先是等压膨胀，然后等容升温，最后绝热膨胀。用表 4-1 中所列公式即可求解。

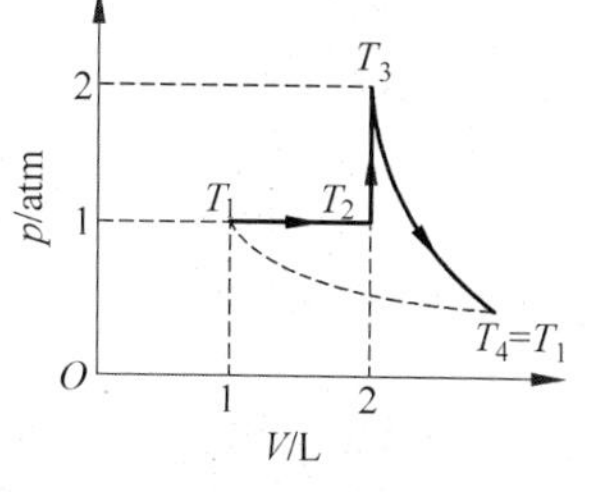

图　4-2

解答：(1) p-V 图如图 4-2 所示。

(2) 内能是态函数，由于 $T_4=T_1$，则

$$\Delta E=\nu\cdot\frac{i}{2}R\Delta T=0$$

(3) 整个过程吸收的热量即为 $T_1\to T_2$ 等压过程和 $T_2\to T_3$ 等容过程所吸收的热量：

$$Q=\frac{M}{M_{\mathrm{m}}}C_{p,\mathrm{m}}(T_2-T_1)+\frac{M}{M_{\mathrm{m}}}C_{V,\mathrm{m}}(T_3-T_2)$$

$$=\frac{5}{2}p_1(2V_1-V_1)+\frac{3}{2}[2V_1(2p_1-p_1)]$$

$$=\frac{11}{2}p_1V_1\approx 5.6\times 10^2(\mathrm{J})$$

(4) 由热力学第一定律，整个过程中 $Q=\Delta E+W$，而 $\Delta E=0$。则

$$W=Q=5.6\times 10^2(\mathrm{J})$$

注意：$Q_V=\frac{M}{M_{\mathrm{m}}}C_{V,\mathrm{m}}(T_{\mathrm{B}}-T_{\mathrm{A}})$，此时不用去计算 T_3 和 T_2，利用 $pV=\frac{M}{M_{\mathrm{m}}}RT$，即

$$Q_V=\frac{i}{2}\frac{M}{M_{\mathrm{m}}}R(T_{\mathrm{B}}-T_{\mathrm{A}})=\frac{i}{2}(p_{\mathrm{B}}V_{\mathrm{B}}-p_{\mathrm{A}}V_{\mathrm{A}})$$

这样就可直接利用 p-V 图上的数据。

例 4-2　一系统由图 4-3 所示的状态 a 沿 acb 到达状态 b，有 334J 热量传入系统，而系统做功 126J。(1)经 adb 过程，系统做功 42J，问有多少热量传入系统？(2) 当系统由 b 状态沿曲线 ba 返回状态 a 时，外界对系统做功为 84J，试问系统是吸热还是放热？热量传递多少？

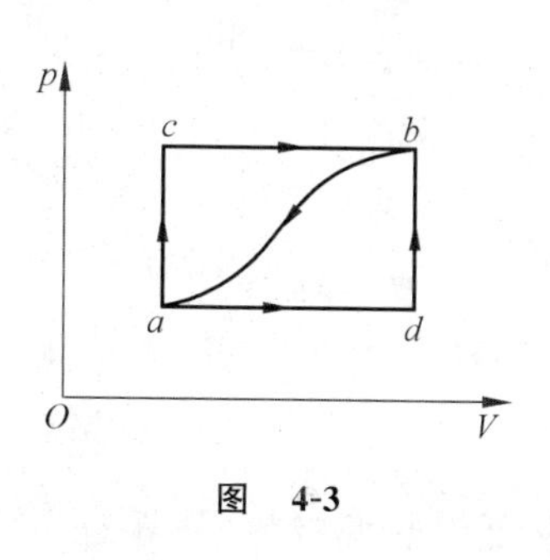

图　4-3

分析：此题由 a 状态到 b 状态有三种不同的过程：acb 过程、ab 过程及 adb 过程。涉及此类题时注意内能是态函数，不论经过什么样的不同过程，从 a 态到 b 态时内能的改变 ΔE_{ab} 都相同，而做功 W 和热量 Q 是过程量，不同的过程就有不同的 W 和 Q。然后利用热力学第一定律求解。

解答：(1) 对于 acb 过程：

$$\Delta E_{ab}=Q_{acb}-W_{acb}=334-126=208(\mathrm{J})$$

对于 adb 过程：

$$Q_{adb}=\Delta E_{ab}+W_{adb}=208+42=250(\mathrm{J})$$

(2) 对于 ba 过程：

$$Q_{ba}=\Delta E_{ba}+W_{ba}=-\Delta E_{ab}+W_{ba}=-208-84=-292(\mathrm{J})$$

负号表示系统放热。

(三) 循环过程　热机　制冷机

1. 循环过程

一系统从某一状态出发，经过任意的一系列过程又回到原来状态的过程，在 p-V 图上是闭合曲线，系统经过一循环过程 $\Delta E=0$，即内能改变为零。

2. 热机

工作物质做正循环的机器叫做热机，系统从高温热源吸热，对外做功，向低温热源放热，其工作原理图如图 4-4 所示。其效率为

$$\eta=\frac{W}{Q_1}=\frac{Q_1-Q_2}{Q_1}=1-\frac{Q_2}{Q_1} \tag{4-9}$$

式中 W 是工作物质经一循环后对外做的净功，在数值上等于 p-V 图上闭合曲线的面积；Q_1 是工作物质从高温热源吸收的总热量；Q_2 是向低温热源放出的总热量。

注意：式中的 Q 和 W 是绝对值。

图　4-4　　　　图　4-5

*3. 制冷机

工作物质做逆循环的机器叫做制冷机，系统从低温热源吸热，外界对它做

功，向高温热源放热，其工作原理图如图4-5所示。其制冷系数为

$$e=\frac{Q_2}{W}=\frac{Q_2}{Q_1-Q_2} \tag{4-10}$$

式中W是外界对系统做的功；Q_2是系统从低温热源吸收的热量；Q_1是系统向高温热源放出的热量。同样式中Q和W均为绝对值。

4. 卡诺循环

由两条等温线和两条绝热线构成的循环称为卡诺循环，卡诺热机的效率

$$\eta_{卡}=1-\frac{T_2}{T_1} \tag{4-11}$$

式中T_1为高温热源的温度；T_2为低温热源的温度。

例4-3　1mol双原子分子理想气体按图4-6所示循环，其中ab为直线，bc为绝热线，ca为等温线。已知$T_2=2T_1$，$V_3=8V_1$。求：

(1) 各过程的功、内能增量和传递的热量(用T_1和已知常数表)；

(2) 此循环的效率。

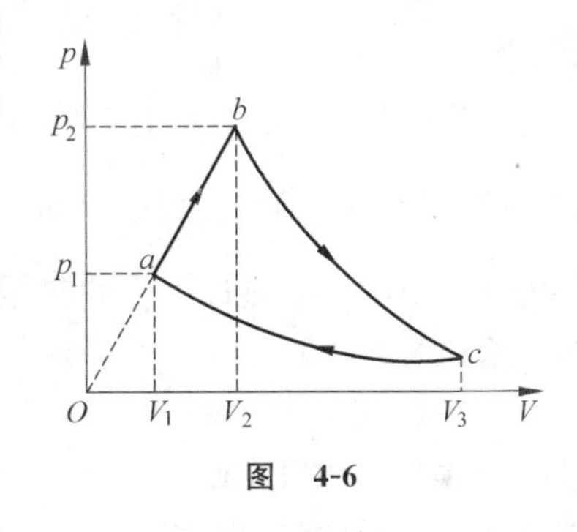

图　4-6

分析：bc和ca是绝热过程和等温过程，由表4-1可求得这两个过程的W、ΔE和Q。而ab为任意过程。任意过程做功$W=\int_{V_1}^{V_2}p\mathrm{d}V$或曲线下的面积，此处可直接算$ab$直线下的梯形面积。而$\Delta E=\nu C_{V,\mathrm{m}}\Delta T$对任意过程都成立。任意过程的热量$Q$只能由热力学第一定律$Q=\Delta E+W$得到。

解答：(1) ab为任意过程，其中内能增量、做功和吸热分别为

$$\Delta E_1=C_{V,\mathrm{m}}(T_2-T_1)=C_{V,\mathrm{m}}(2T_1-T_1)=\frac{5}{2}RT_1$$

$$W_1=\frac{1}{2}(p_1+p_2)(V_2-V_1)=\frac{1}{2}(p_2V_2-p_1V_1)$$

$$=\frac{1}{2}RT_2-\frac{1}{2}RT_1=\frac{1}{2}RT_1$$

$$Q_1=\Delta E_1+W_1=3RT_1\text{，吸热}$$

bc为绝热膨胀过程，因此吸热为$Q_2=0$。

内能增量为

$$\Delta E_2 = C_{V,\mathrm{m}}(T_3 - T_2) = C_{V,\mathrm{m}}(T_1 - T_2) = -\frac{5}{2}RT_1$$

做功

$$W_2 = -\Delta E_2 = \frac{5}{2}RT_1$$

ca 为等温压缩过程，因此内能增量为 $\Delta E_3 = 0$，此时，

$$Q_3 = W_3 = -RT_1\ln\left(\frac{V_3}{V_1}\right) = -RT_1\ln\left(\frac{8V_1}{V_1}\right) = -2.08RT_1$$

式中负号表示 ca 过程中外界对系统做功、系统放热。

(2) 此循环的效率为

$$\eta = 1 - \frac{Q_{放}}{Q_{吸}} = 1 - \frac{|Q_3|}{Q_1} = 1 - \frac{2.08RT_1}{3RT_1} \approx 30.7\%$$

注意：求循环的效率时，可按热力学第一定律求得每一个过程吸收的热量。若某过程的 $Q>0$ 则为吸热；某过程的 $Q<0$ 则为放热。$\eta = 1 - \dfrac{Q_{放}}{Q_{吸}}$，其中 $Q_{吸}$ 是循环过程中所有吸热过程吸收热量的总和。$Q_{放}$ 是计算出的所有 $Q<0$ 过程中热量总和的绝对值。

例 4-4 如图 4-7 所示，一定质量的单原子理想气体，从初始状态 a 出发经过图中的循环过程又回到状态 a。其中过程 ab 是直线，$b \to c$ 为等容过程，$c \to a$ 为等压过程。求此循环过程的效率。

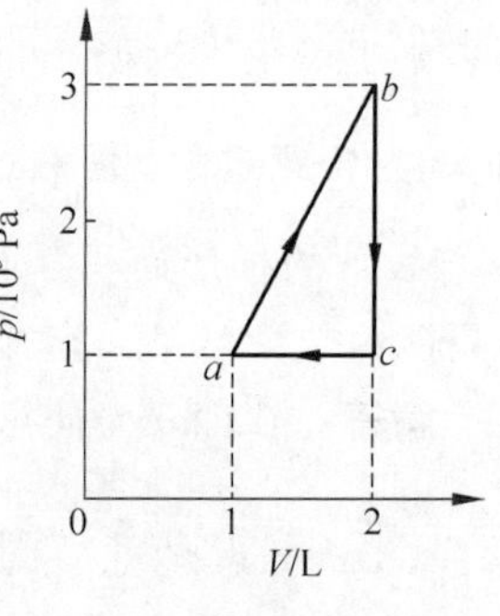

图 4-7

分析：此循环过程中只有 $a \to b$ 过程吸热，循环过程净功可通过三角形的面积计算。因此用公式 $\eta = \dfrac{W}{Q_{吸}}$ 计算循环效率比较方便。

解答：由图可知，循环过程的净功为

$$W = \frac{1}{2}(p_b - p_c)(V_c - V_a)$$

$$= \frac{1}{2} \times 2 \times 10^5 \times 10^{-3} = 100(\mathrm{J})$$

循环过程中只有 $a \to b$ 过程吸热，有

$$Q_{ab} = \Delta E + W_{ab} = \frac{M}{M_{\mathrm{m}}}C_{V,\mathrm{m}}(T_b - T_a) + \frac{1}{2}(p_a + p_b)(V_b - V_a)$$

$$=\frac{3}{2}(p_bV_b-p_aV_a)+\frac{1}{2}(p_a+p_b)(V_b-V_a)=950(\mathrm{J})$$

所以

$$\eta=\frac{W}{Q_{ab}}=\frac{100}{950}\times100\%\approx10.5\%$$

注意：通过上述两个循环效率的例子，可得出如下结论：

① 对包含绝热过程的循环过程，用公式 $\eta=1-\frac{Q_{放}}{Q_{吸}}$ 求循环效率比较方便。

② 对于 p-V 图上表示为三角形或矩形的循环过程，用公式 $\eta=\frac{W}{Q_{吸}}$ 比较方便。

（四）热力学第二定律　可逆与不可逆过程　熵

1. 热力学第二定律的两种表述

（1）开尔文表述：不可能制造出一种循环工作的热机，它只从单一热源吸收热量，使之完全变为有用功，而不产生其他影响。

（2）克劳修斯表述：热量不能自动地从低温物体传向高温物体，或热量从低温物体传向高温物体不引起其他变化是不可能的。

热力学第二定律的开尔文表述和克劳修斯表述是等价的，违背了开尔文表述也就违背了克劳修斯表述，反之亦然。热力学第二定律说明，并非满足热力学第一定律即能量守恒的过程均能实现，自然界中出现的过程是有方向性的。

*2. 可逆过程与不可逆过程

在系统状态变化过程中，如果逆过程能重复正过程的每一状态，而且不引起其他变化，这样的过程叫做可逆过程。准静态过程(无限缓慢的过程)，且无摩擦力、粘滞力或其他耗散力做功，无能量耗散的过程为可逆过程。

在不引起其他变化的条件下，不能使逆过程重复正过程的每一状态，或者虽能重复但必然会引起其他变化，这样的过程叫做不可逆过程。非准静态过程为不可逆过程。

*3. 熵

熵是为了判断孤立系统中过程进行方向而引入的系统状态的单值函数，熵的引入可解决热力学第二定律的数学表示。熵是孤立系统无序度的量度。

三、难点分析

热力学是宏观理论,是以观察和实验为基础,研究物质状态变化过程中关于做功、热量的交换和内能变化等有关物理量的关系及过程进行的方向等。因此,初学者往往觉得这一章公式较多,解决这一问题就必须先理清思路,公式都是围绕热力学第一定律 $Q=\Delta E+W$ 中的三个量 Q、ΔE 和 W 展开的。先要知道这三个量怎么算,然后再加上循环的效率公式 $\eta=1-\frac{Q_2}{Q_1}=\frac{W}{Q_1}$。

本章的难点之一是热机的效率公式 $\eta=\frac{W}{Q_1}$ 和制冷机的制冷系数 $e=\frac{Q_2}{W}$,运用公式 $\eta=\frac{W}{Q_1}$ 时同学们往往认为 W 是系统经过一循环的净功,Q_1 也是经过一循环系统从外界净吸的热。这样 Q_1 永远等于 W,效率为 100%。显然是错误的,是因为没有理解效率的定义。

难点之二是对于一些仅有关于系统变化的描述而没有指明物态参量的具体变化情况,需要判断热力学过程是什么过程时,同学们常常感到难以分析。解决这个问题的关键在于分析过程每一步的特征。根据特征确定具体是什么过程,怎么变化,然后利用热力学第一定律及理想气体几种典型过程的公式来解决问题。

四、练一练

(一) 选择题

1. 一定量的理想气体按 $pV^2=$ 恒量的规律膨胀,则膨胀后理想气体的温度(　　)。

(A) 将升高　　(B) 将降低　　(C) 不变　　(D) 不能确定

2. 一物质系统从外界吸收一定的热量,则(　　)。

(A) 系统的内能一定增加

(B) 系统的内能一定减少

(C) 系统的内能一定保持不变

(D) 系统的内能可能增加,也可能减少或保持不变

3. 在 p-V 图中,一定量的理想气体由平衡态 A 变到平衡态 B($p_A=p_B$,$V_A<V_B$),则无论经过什么过程,系统必然(　　)。

(A) 对外做功　　(B) 从外界吸热

(C) 内能增加　　(D) 向外界放热

4. 1mol 理想气体从 p-V 图上初态 a 分别经历如图 4-8 所示的(1)或(2)过程到达末态 b。已知 $T_a<T_b$,则这两个过程中气体吸收的热量 Q_1 和 Q_2 的关系为(　　)。

(A) $Q_1>Q_2>0$　　(B) $Q_2>Q_1>0$

(C) $Q_2<Q_1<0$　　(D) $Q_1<Q_2<0$

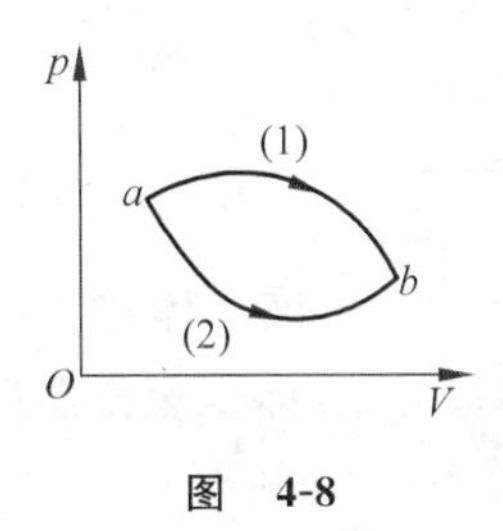

图　4-8

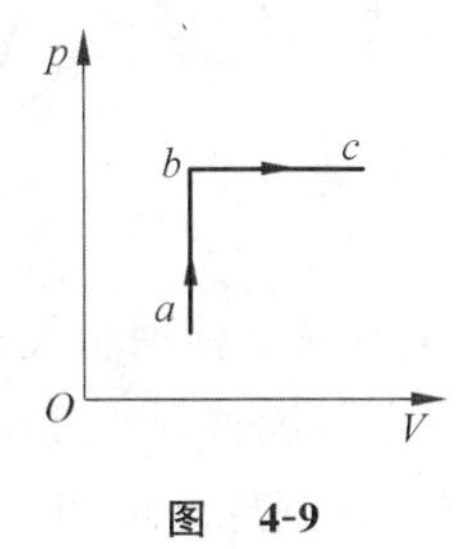

图　4-9

5. 理想气体经历如图 4-9 所示的 abc 平衡过程,则该系统对外做功 W,从外界吸收的热量 Q 和内能的增量 ΔE 的正负情况为(　　)。

(A) $\Delta E>0, Q>0, W<0$　　(B) $\Delta E>0, Q>0, W>0$

(C) $\Delta E>0, Q<0, W<0$　　(D) $\Delta E<0, Q<0, W<0$

6. 双原子理想气体作等压膨胀,若膨胀过程中从热源吸收热量为 700J,则该气体对外做功为(　　)。

(A) 350J　　(B) 300J　　(C) 250J　　(D) 200J

7. 如图 4-10 所示,一绝热密闭的容器,用隔板分成相等的两部分,左边有一定量的理想气体,压强为 p_0,右边为真空。今将隔板抽去,气体自由膨胀,当气体达到平衡态时,气体的压强为(　　)。

(A) p_0　　(B) $\frac{1}{2}p_0$

(C) $\frac{2^\gamma}{p_0}$　　(D) $\frac{p_0}{2^\gamma}$

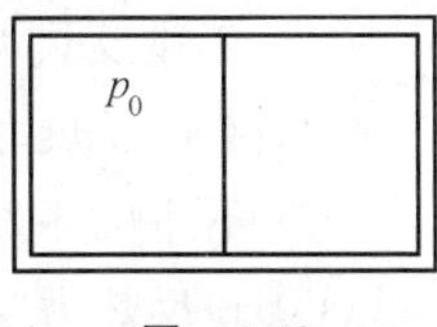

图　4-10

8. 下图中所列四图分别表示某人设想的理想气体的四个循环过程。物理上可能实现的循环过程为(　　)。

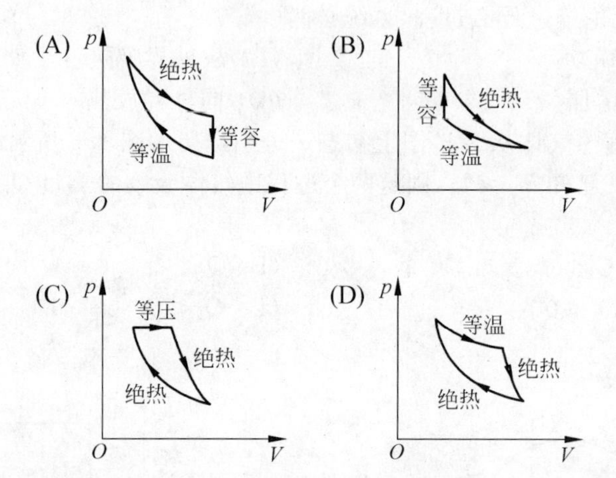

9. 一定量的某种理想气体起始温度为 T,体积为 V,该气体在下面循环过程中经过三个平衡过程:(1)绝热膨胀到体积为 $2V$,(2)等体变化使温度恢复为 T,(3)等温压缩到原来体积 V。则此整个循环过程中(　　)。

(A) 气体向外界放热　　(B) 气体对外界做正功

(C) 气体内能增加　　(D) 气体内能减少

10. 设高温热源的热力学温度是低温热源的热力学温度的 n 倍,则理想气体在一次卡诺循环中,传给低温热源的热量是从高温热源吸收的热量的(　　)。

(A) n 倍　　(B) $n-1$ 倍

(C) $\frac{1}{n}$倍　　(D) $\frac{n+1}{n}$倍

11. “理想气体与单一热源接触作等温膨胀时,吸收的热量全部用来对外做功。”对此说法,如下几种评论正确的是(　　)。

(A) 不违反热力学第一定律,但违反热力学第二定律

(B) 不违反热力学第二定律,但违反热力学第一定律

(C) 不违反热力学第一定律,也不违反热力学第二定律

(D) 违反热力学第一定律,也违反热力学第二定律

12. 如图 4-11 所示，设某热力学系统经历一个由 $d \to e \to c$ 的过程，其中 ab 是一绝热线，c、d 在该曲线上。由热力学定律可知，该系统在过程中（　　）。

(A) 不断向外界放出热量

(B) 不断从外界吸收热量

(C) 有的阶段吸热，有的阶段放热，整个过程中吸收的热量大于放出的热量

(D) 有的阶段吸热，有的阶段放热，整个过程中吸收的热量小于放出的热量

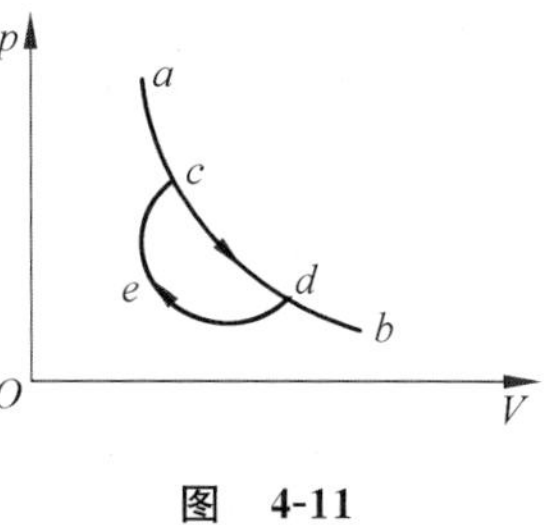

图　4-11

（二）填空题

1. 有 1mol 刚性双原子分子理想气体，在等压膨胀过程中对外做功 W，则其温度变化 $\Delta T=$________；从外界吸取的热量 $Q=$________。

2. 如图 4-12 所示，一定量理想气体的内能 E 和体积 V 的变化关系为一直线，直线延长线经过 O 点，则该过程为________过程。（填“等容”、“等压”或“等温”）

3. 一定量的某种理想气体在等压过程中对外做功为 200J，若此种气体为单原子分子气体，则该过程需吸热________J；若为刚性双原子分子气体，则需吸热________J。

4. 一定质量的理想气体的体积由 V_1 膨胀到 V_2，分别经过等压过程、等温过程和绝热过程，三个过程中吸热最多的是________过程，内能变化最少的是________过程，对外做功最多的是________过程。

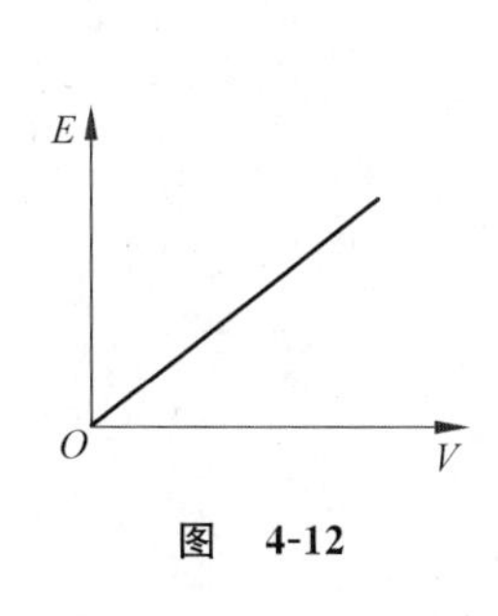

图　4-12

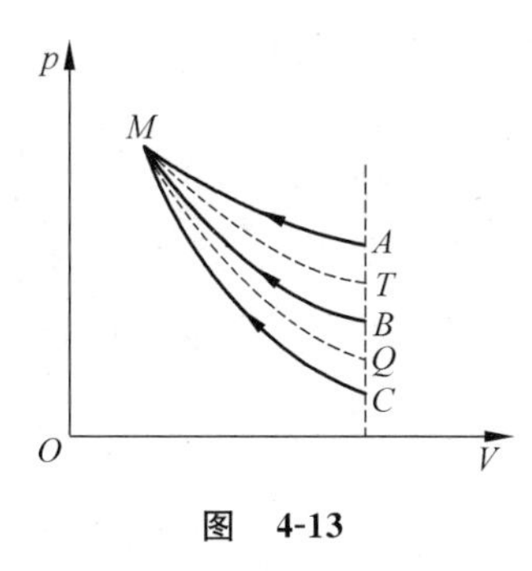

图　4-13

5. 如图 4-13 所示为一理想气体几种状态变化过程的 p-V 图，其中 MT 为

等温线，MQ 为绝热线，在 AM、BM、CM 三种准静态过程中，温度降低的是________过程，气体吸热的是________过程。

6. 一理想卡诺热机在温度 300K 和 400K 的两个热源之间工作。若把高温热源温度提高 100K，则其效率可提高为原来的________倍。

7. 热力学第二定律的开尔文表述是____，克劳修斯表述是____。

*8. 热力学第二定律的开尔文表述和克劳修斯表述是等价的，这表明在自然界中与热现象有关的实际宏观过程都是不可逆的，开尔文表述指出了________过程是不可逆的，而克劳修斯表述则指出了________过程是不可逆的。

第5章　静电场

一、基本要求

1. 掌握库仑定律。

2. 掌握电场强度的定义，掌握场强叠加原理，并能熟练应用。

3. 掌握电势的定义，熟练掌握用叠加原理求电势。

4. 理解静电场的两条基本定理——高斯定理和环路定理，认识静电场是有源场和保守场，熟练掌握高斯定理的应用。

5. 理解电势差、电势能的概念，了解电场强度是电势的负梯度关系。

6. 掌握导体静电平衡时的条件和性质。

7. 了解电介质的极化机理，了解电容器的电容及静电场的能量以及能量密度概念。

二、主要内容及例题

（一）库仑定律

其表达式为

$$\boldsymbol{F}=\frac{1}{4\pi\varepsilon_0}\cdot\frac{q_1q_2}{r^2}\boldsymbol{e}_r \tag{5-1}$$

（二）电场强度

1. 电场强度的定义

$$\boldsymbol{E}=\frac{\boldsymbol{F}}{q_0} \tag{5-2}$$

2. 在真空中,点电荷的场强

$$\boldsymbol{E}=\frac{Q}{4\pi\varepsilon_0 r^2}\boldsymbol{e}_r \tag{5-3}$$

3. 电场叠加原理

(1) 离散分布电荷激发的场强

$$\boldsymbol{E}=\sum_i\frac{\boldsymbol{F}_i}{q}=\sum\boldsymbol{E}_i \tag{5-4}$$

(2) 连续分布电荷激发的场强:将带电区域分成许多电荷元 $\mathrm{d}q$,则

$$\boldsymbol{E}=\int\mathrm{d}\boldsymbol{E}=\int\frac{\mathrm{d}q}{4\pi\varepsilon_0 r^2}\boldsymbol{e}_r \tag{5-5}$$

例 5-1　一半径为 R 的半圆细环上均匀地分布电荷 Q,求环心处的电场强度。

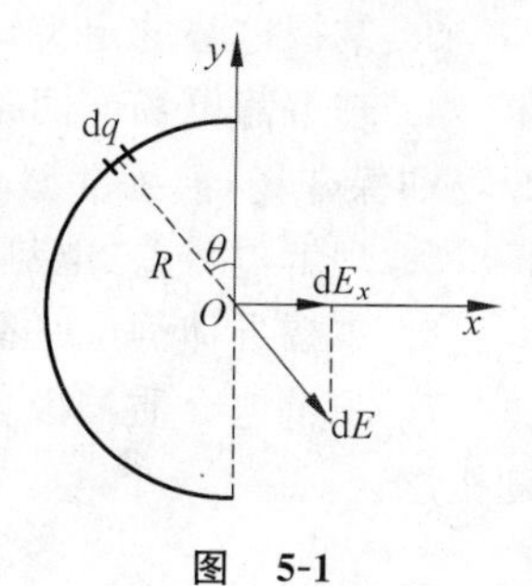

图　5-1

分析:这是计算连续分布电荷的电场强度,可将半圆细环看作点电荷的集合体,在半圆细环上任取一电荷元 $\mathrm{d}q$,激发的电场 $\mathrm{d}E=\frac{\mathrm{d}q}{4\pi\varepsilon_0 R^2}$,方向如图 5-1 所示,由对称性分析可知,电场强度 $\boldsymbol{E}$ 沿 y 轴的分量因对称性叠加为零,因此,O 点的电场强度就是

$$\boldsymbol{E}=\int\mathrm{d}E_x\boldsymbol{i}=\int\mathrm{d}E\sin\theta\boldsymbol{i}$$

解:$\mathrm{d}q=\lambda R\mathrm{d}\theta=\frac{Q}{\pi R}R\,\mathrm{d}\theta=\frac{Q}{\pi}\mathrm{d}\theta$

$$E_x=\int\mathrm{d}E_x=\int\frac{\mathrm{d}q}{4\pi\varepsilon_0 R^2}\sin\theta=\int_0^\pi\frac{\frac{Q}{\pi}}{4\pi\varepsilon_0 R^2}\sin\theta\mathrm{d}\theta=\frac{Q}{2\pi^2\varepsilon_0 R^2}$$

电场强度的方向沿 x 轴方向。

(三) 电场强度通量　高斯定理

1. 电通量的定义

$$\Phi_\mathrm{e}=\int_s\boldsymbol{E}\cdot\mathrm{d}\boldsymbol{S} \tag{5-6}$$

2. 高斯定理的数学表达式

$$\oint \boldsymbol{E} \cdot \mathrm{d}\boldsymbol{S} = \frac{1}{\varepsilon_0} \sum_i q_i^{(\mathrm{in})} \tag{5-7}$$

揭示了静电场是有源场。

例 5-2　图 5-2 中虚线所示为一立方形的高斯面,已知空间的场强分别为:$E_x = bx$(b 为常数),$E_y = 0$,$E_z = 0$。高斯面边长为 a,试求:(1)通过立方形六个面的电通量分别是多少;(2)该闭合面中包含的净电荷。

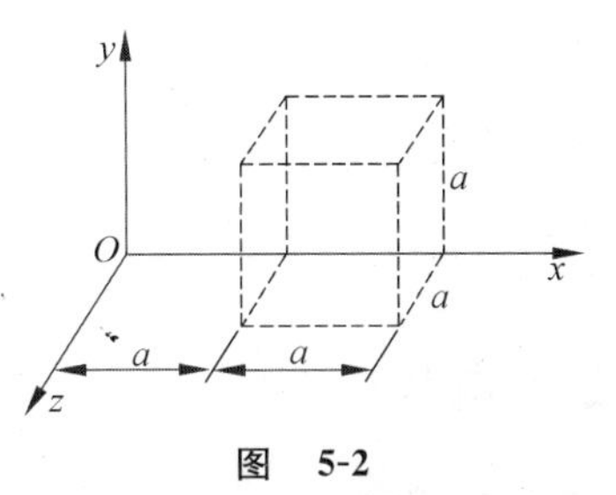

图　5-2

分析:应用电通量计算公式 $\Phi = \int_S \boldsymbol{B} \cdot \mathrm{d}\boldsymbol{S}$ 分别求出各面元的电通量,再利用高斯定理求出闭合面内包含的净电荷。

解:(1) $\Phi_{左} = \boldsymbol{E} \cdot \boldsymbol{S} = ba \cdot a^2 \cos 180° = -ba^3$

$\Phi_{右} = \boldsymbol{E} \cdot \boldsymbol{S} = b \cdot 2a \cdot a^2 \cos 0° = 2ba^3$

$\Phi_{上} = \Phi_{下} = \Phi_{前} = \Phi_{后} = ES\cos 90° = 0$

(2) 由高斯定理

$$\oint_S \boldsymbol{E} \cdot \mathrm{d}\boldsymbol{S} = \frac{\sum q}{\varepsilon_0}$$

得

$$\sum q = \varepsilon_0 \oint_S \boldsymbol{E} \cdot \mathrm{d}\boldsymbol{S} = \varepsilon_0 (2ba^3 - ba^3) = \varepsilon_0 a^3 b$$

例 5-3　如图 5-3 所示,一点电荷 q 位于均匀带电 Q 的球面中心,球面半径为 R,试求各区间的电场强度。

分析:由于电荷分布具有球对称性,所以可作以 O 为圆心的球形高斯面,使高斯面上各点场强大小相等,方向径向,利用高斯定理求解。

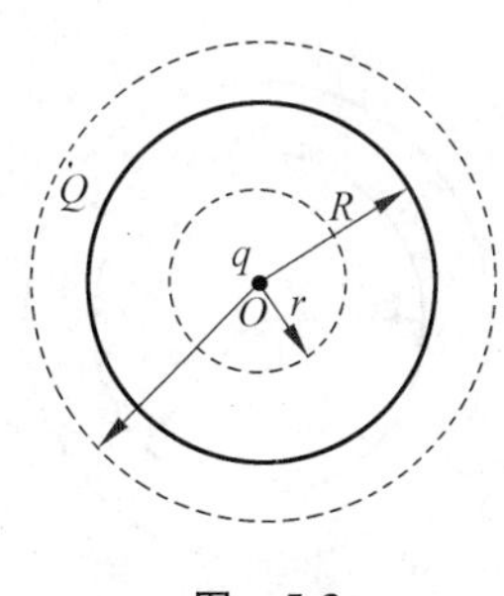

图　5-3

解:(1) $r < R$

作以 O 为圆心、半径为 r 的高斯球面,

由高斯定理 $\oint_S \boldsymbol{E} \cdot \mathrm{d}\boldsymbol{S} = \frac{\sum q}{\varepsilon_0}$ 得

$$\oint_S \boldsymbol{E} \cdot \mathrm{d}\boldsymbol{S} = \oint_S E\cos 0° \mathrm{d}S = E \oint_S \mathrm{d}S = E \cdot 4\pi r^2$$

$$=\frac{q}{\varepsilon_0}\Rightarrow E=\frac{q}{4\pi\varepsilon_0 r^2},\quad r<R$$

(2) $r>R$

同理，在球面外作一半径为 r 的高斯面，由

$$\oint_S \boldsymbol{E}\cdot \mathrm{d}\boldsymbol{S}=\frac{\sum q}{\varepsilon_0}$$

得

$$E\cdot 4\pi r^2=\frac{q+Q}{\varepsilon_0}\Rightarrow E=\frac{Q+q}{4\pi\varepsilon_0 r^2},\quad r>R$$

（四）电势

1. 定义式

$$V_A=\int_A^{\text{零势能点}}\boldsymbol{E}\cdot \mathrm{d}\boldsymbol{l}\tag{5-8}$$

当 $V_\infty=0$ 时，

$$V_A=\int_A^{\infty}\boldsymbol{E}\cdot \mathrm{d}\boldsymbol{l}\tag{5-9}$$

2. 点电荷的电势

$$V=\frac{q}{4\pi\varepsilon_0 r},\quad V_\infty=0\tag{5-10}$$

3. 电势叠加原理

$$V_A=\sum V_i\tag{5-11}$$

例 5-4 如图 5-4 所示，两个同心的均匀带电球面，内球面半径为 R_1、带电荷量为 Q_1，外球面半径为 R_2、带电荷量为 Q_2。设无穷远处为电势零点，求电势的分布规律。

分析：由于电荷分布具有球对称性，所以可先应用高斯定理求出场强，再利用电势的定义式 $V=\int\boldsymbol{E}\cdot \mathrm{d}\boldsymbol{l}$ 求解。另外也可应用已知的带电球面内外的电势分布结论，再结合电势叠加原理求解。

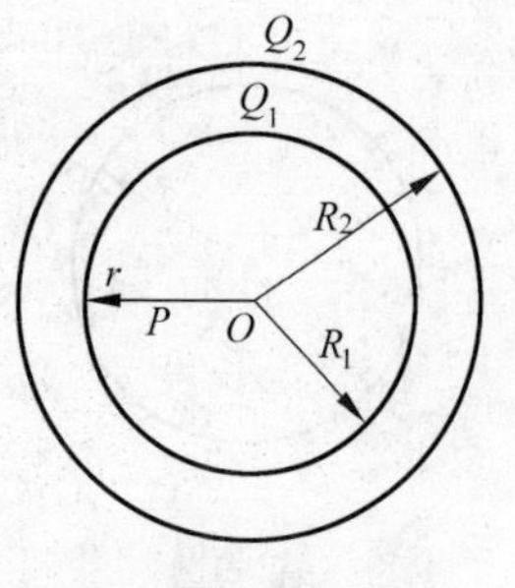

图 5-4

解：方法一：利用定义式求

利用高斯定理求出

$$\boldsymbol{E}=\begin{cases}\boldsymbol{E}_1=\boldsymbol{0}, & r\leqslant R_1\\ \boldsymbol{E}_2=\dfrac{Q_1}{4\pi\varepsilon_0 r^2}\boldsymbol{e}_r, & R_1<r<R_2\\ \boldsymbol{E}_3=\dfrac{Q_1+Q_2}{4\pi\varepsilon_0 r^2}\boldsymbol{e}_r, & r\geqslant R_2\end{cases}$$

电势分布：

$$V_1=\int_{R_2}^{\infty}\boldsymbol{E}_3\cdot \mathrm{d}\boldsymbol{l}+\int_{R_1}^{R_2}\boldsymbol{E}_2\cdot \mathrm{d}\boldsymbol{l}+\int_{r}^{R_1}\boldsymbol{E}_1\cdot \mathrm{d}\boldsymbol{l}=\frac{1}{4\pi\varepsilon_0}\left(\frac{Q_1}{R_1}+\frac{Q_2}{R_2}\right),\quad r\leqslant R_1$$

$$V_2=\int_{R_2}^{\infty}\boldsymbol{E}_3\cdot \mathrm{d}\boldsymbol{l}+\int_{r}^{R_2}\boldsymbol{E}_2\cdot \mathrm{d}\boldsymbol{l}=\frac{Q_1}{4\pi\varepsilon_0 r}+\frac{Q_2}{4\pi\varepsilon_0 R_2},\quad R_1<r<R_2$$

$$V_3=\int_{r}^{\infty}\boldsymbol{E}_3\cdot \mathrm{d}\boldsymbol{l}=\int_{r}^{\infty}\frac{Q_1+Q_2}{4\pi\varepsilon_0 r^2}\mathrm{d}r=\frac{Q_1+Q_2}{4\pi\varepsilon_0 r},\quad r\geqslant R_2$$

方法二：应用叠加原理求

取 $V_\infty=0$,应用带电球面内外的电势分布结论,均匀带电球面的电势分别为

对球面 R_1：

$$V_1=\frac{Q_1}{4\pi\varepsilon_0 R_1},r\leqslant R_1;\quad V_1=\frac{Q_1}{4\pi\varepsilon_0 r},r>R_1$$

对球面 R_2：

$$V_2=\frac{Q_2}{4\pi\varepsilon_0 R_2},r\leqslant R_2;\quad V_2=\frac{Q_2}{4\pi\varepsilon_0 r},r>R_2$$

任意 P 点的电势由 Q_1、Q_2 共同贡献,由电势叠加原理,有

$$V=V_1+V_2=\frac{Q_1}{4\pi\varepsilon_0 R_1}+\frac{Q_2}{4\pi\varepsilon_0 R_2},\quad r\leqslant R_1$$

$$V=\frac{Q_1}{4\pi\varepsilon_0 r}+\frac{Q_2}{4\pi\varepsilon_0 R_2},\quad R_1<r<R_2$$

$$V=\frac{Q_1}{4\pi\varepsilon_0 r}+\frac{Q_2}{4\pi\varepsilon_0 r},\quad r\geqslant R_2$$

例 5-5　长度为 $2L$ 的细直线段上均匀分布着电荷 q,试求其延长线上距离线段中心为 d 处($d>L$)的 p 点的电势(设无限远处为电势零点)。

分析：采用“微元法”求解.取一微元 $\mathrm{d}q$,应用点电荷电势公式 $\mathrm{d}V=\dfrac{\mathrm{d}q}{4\pi\varepsilon_0 x}$,

结合电势叠加原理求解。

解:(1) 建立如图 5-5 所示坐标，在带电直线上取一电荷元 $dq=\lambda dx=\frac{q}{2L}dx$

应用点电荷电势公式

$$dV=\frac{dq}{4\pi\varepsilon_0 x}$$

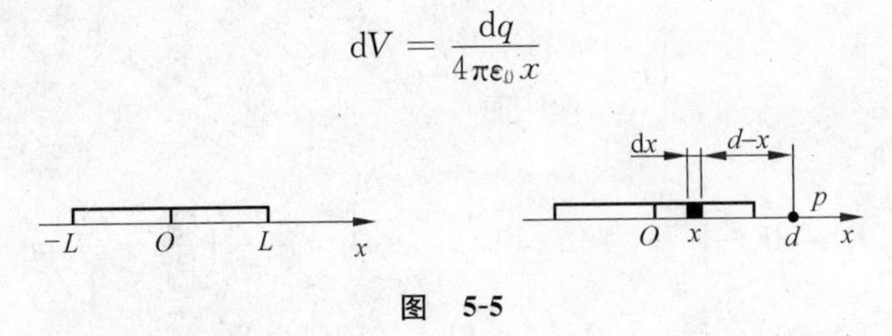

图 5-5

dq 对 p 处的电势贡献为

$$dV=\frac{dq}{4\pi\varepsilon_0(d-x)}=\frac{q dx}{8\pi\varepsilon_0 L(d-x)}$$

得 p 处的电势为

$$V=\int dV=\int_{-L}^{+L}\frac{q dx}{8\pi\varepsilon_0 L(d-x)}=\frac{q}{8\pi\varepsilon_0 L}\ln\frac{d+L}{d-L}$$

例 5-6 一扇形均匀带电平面如图 5-6 所示，设电荷面密度为 σ，其两边的弧长分别为 l_1、l_2，试求圆心 O 点的电势(以无穷远处为电势零点)。

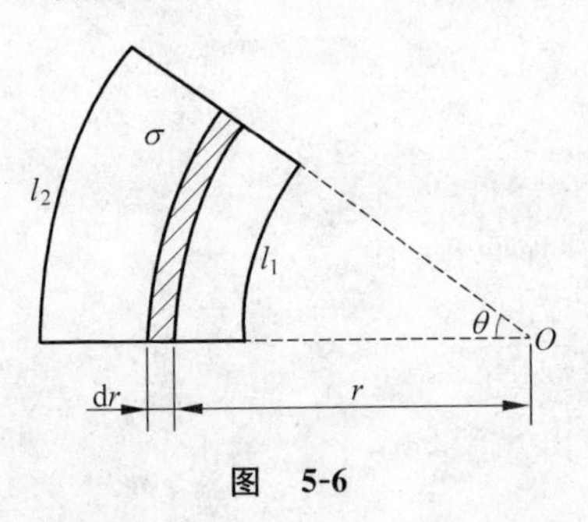

图 5-6

分析：扇形平面可看成圆弧的组合，将带电圆弧窄条作为电荷元，写出对应的 dV，积分求解。

解： 设圆弧对应夹角为 θ，在扇形面上作如图 5-6 所示的圆弧形窄条，其面积元为

$$dS=\theta r dr$$

圆弧形窄条带电量为

$$dq=\sigma dS=\sigma\theta r dr$$

dq 对 O 点的电势贡献为

$$dV=\frac{dq}{4\pi\varepsilon_0 r}=\frac{\sigma\theta}{4\pi\varepsilon_0}dr$$

则圆心 O 点的电势为

$$V=\int_{\frac{l_1}{\theta}}^{\frac{l_2}{\theta}}\frac{\sigma\theta}{4\pi\varepsilon_0}dr=\frac{\sigma(l_2-l_1)}{4\pi\varepsilon_0}$$

（五）电势能　电势差　静电场的环路定理

1. 电势能表达式

$$E_{pA}=q\int_A^B \boldsymbol{E}\cdot \mathrm{d}\boldsymbol{l},\quad E_{pB}=0 \tag{5-12}$$

2. 电势差

$$U_{AB}=V_A-V_B=\int_A^B \boldsymbol{E}\cdot \mathrm{d}\boldsymbol{l} \tag{5-13}$$

3. 静电场的环路定理

$$\oint_l \boldsymbol{E}\cdot \mathrm{d}\boldsymbol{l}=0 \tag{5-14}$$

揭示了静电场是保守场。

（六）导体静电平衡的条件和性质

1. 导体内部场强处处为零。

2. 导体是一个等势体。

3. 导体表面的场强与表面垂直。

注意：静电平衡的导体内部场强一定为零，但电势不一定为零。

例 5-7　如图 5-7 所示球形金属腔带电量为 $Q>0$，内半径为 a，外半径为 b，腔内距球心 O 为 r 处有一点电荷 q，求球心的电势。

分析：导体球达到静电平衡时，内表面感应电荷 $-q$，外表面感应电荷 q；内表面感应电荷不均匀分布，外表面感应电荷均匀分布。球心 O 点的电势由点电荷 q、导体表面的感应电荷共同决定。

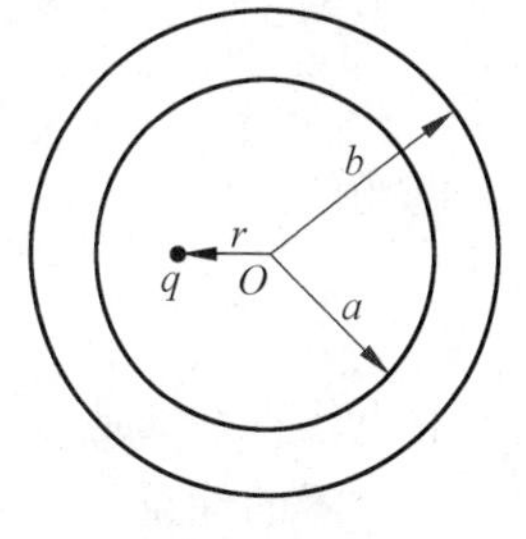

图　5-7

在带电面上任意取一电荷元，电荷元在球心产生的电势

$$\mathrm{d}V=\frac{\mathrm{d}q}{4\pi\varepsilon_0 R}$$

由于 R 为常量，因而无论球面电荷如何分布，半径为 R 的带电球面在球心产生的电势为

$$V=\int_S \frac{\mathrm{d}q}{4\pi\varepsilon_0 R}=\frac{q}{4\pi\varepsilon_0 R}$$

由电势的叠加可以求得球心的电势。

解：导体球内表面感应电荷$-q$，外表面感应电荷q；依照分析，球心的电势为

$$V=\frac{q}{4\pi\varepsilon_0 r}-\frac{q}{4\pi\varepsilon_0 a}+\frac{q+Q}{4\pi\varepsilon_0 b}$$

（七）介质中的高斯定理　电容器的电容　静电场的能量

1. 介质中的高斯定理

$$\oint_S \boldsymbol{D}\cdot \mathrm{d}\boldsymbol{S}=\sum_i q_i^{(\mathrm{in})} \tag{5-15}$$

各向同性介质中

$$\boldsymbol{D}=\varepsilon_0\varepsilon_r\boldsymbol{E}=\varepsilon\boldsymbol{E} \tag{5-16}$$

2. 电容器的电容

定义式

$$C=\frac{Q}{U_{AB}} \tag{5-17}$$

3. 静电场的能量

能量密度为

$$w_e=\frac{1}{2}\varepsilon_0\varepsilon_r E^2 \tag{5-18}$$

电场的能量

$$W_e=\int w_e \mathrm{d}V=\int \frac{1}{2}\varepsilon_0\varepsilon_r E^2\mathrm{d}V \tag{5-19}$$

有电场存在的地方就有能量，积分区域遍及场不为零的空间。

电容器的能量

$$W_e=\frac{Q^2}{2C}=\frac{1}{2}CU^2=\frac{1}{2}QU \tag{5-20}$$

例 5-8　如图 5-8(a)所示，带电导体球半径为R_1，带电荷量为Q，球外有一同心的薄导体球壳，半径为R_2，在导体球和球壳间充满相对电容率为ε_r的电介

质。试求：

(1) 整个空间的电场分布；

(2) 电势分布情况；

(3) 介质层内、外表面间的电势差；

(4) 介质层中的电场能量。

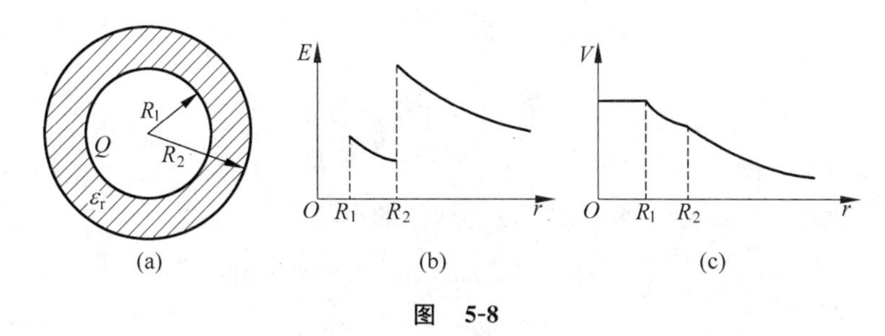

(a)　(b)　(c)

图　5-8

分析：带电导体球上的电荷 Q 应均匀分布在导体球表面，电介质的极化电荷也均匀分布在介质的球形界面上，因而整个空间的电场是球对称分布的。

任取同心球面为高斯面，电位移矢量 $\boldsymbol{D}$ 的通量与自由电荷分布有关，因此，在高斯面上 $\boldsymbol{D}$ 呈均匀对称分布，由高斯定理 $\oint_S \boldsymbol{D}\cdot \mathrm{d}\boldsymbol{S}=\sum_i q_i^{(\mathrm{in})}$ 可得 $\boldsymbol{D}(r)$ 再由 $\boldsymbol{E}=\dfrac{\boldsymbol{D}}{\varepsilon_0\varepsilon_r}$ 可得 $\boldsymbol{E}(r)$。

介质中的电势分布，可由电势和电场强度的积分关系 $V=\int_r^{\infty}\boldsymbol{E}\cdot \mathrm{d}\boldsymbol{r}$ 求得。

电势差由 $U_{AB}=\int_A^B \boldsymbol{E}\cdot \mathrm{d}\boldsymbol{r}$ 求得。

介质层中电场的能量可利用电容器能量公式 $W=\dfrac{1}{2}QU$ 求出；或利用能量密度的体积分 $W_e=\int w_e \mathrm{d}V$ 求得。

解：(1) 取半径为 r 的同心球面为高斯面，由高斯定理得

$0\leqslant r\leqslant R_1$：$D_1\cdot 4\pi r^2=0$

$$D_1=0, E_1=0$$

$R_1<r\leqslant R_2$：$D_2\cdot 4\pi r^2=Q$

$$D_2=\frac{Q}{4\pi r^2},\quad E_2=\frac{Q}{4\pi\varepsilon_0\varepsilon_r r^2}$$

$R_2<r<\infty$：$D_3\cdot 4\pi r^2=Q$

$$D_3=\frac{Q}{4\pi r^2},\quad E_3=\frac{Q}{4\pi\varepsilon_0 r^2}$$

故整个空间的电场分布为

$$E=\begin{cases}0, & 0\leqslant r\leqslant R_1\\ \dfrac{Q}{4\pi\varepsilon_0\varepsilon_r r^2}, & R_1<r\leqslant R_2\\ \dfrac{Q}{4\pi\varepsilon_0 r^2}, & R_2<r<\infty\end{cases}$$

电场分布情况如图 5-8(b)所示。

(2) 以无限远处为电势零点。带电球体的电势为

$$V_1=\int_r^{R_1}\boldsymbol{E}_1\cdot \mathrm{d}\boldsymbol{r}+\int_{R_1}^{R_2}\boldsymbol{E}_2\cdot \mathrm{d}\boldsymbol{r}+\int_{R_2}^{\infty}\boldsymbol{E}_3\cdot \mathrm{d}\boldsymbol{r}$$

$$=\frac{Q}{4\pi\varepsilon_0\varepsilon_r}\left(\frac{1}{R_1}-\frac{1}{R_2}\right)+\frac{Q}{4\pi\varepsilon_0 R_2},\quad 0\leqslant r\leqslant R_1$$

介质层内任意一点的电势为

$$V_2=\int_r^{R_2}\boldsymbol{E}_2\cdot \mathrm{d}\boldsymbol{r}+\int_{R_2}^{\infty}\boldsymbol{E}_3\cdot \mathrm{d}\boldsymbol{r}$$

$$=\frac{Q}{4\pi\varepsilon_0\varepsilon_r}\left(\frac{1}{r}-\frac{1}{R_2}\right)+\frac{Q}{4\pi\varepsilon_0 R_2},\quad R_1<r\leqslant R_2$$

介质层外任意一点的电势为

$$V_3=\int_r^{\infty}\boldsymbol{E}_3\cdot \mathrm{d}\boldsymbol{r}=\frac{Q}{4\pi\varepsilon_0 r},\quad R_2<r<\infty$$

电势分布情况如图 5-8(c)所示。

(3) 介质层内外表面间的电势差为

$$U_{12}=\int_{R_1}^{R_2}\boldsymbol{E}_2\cdot \mathrm{d}\boldsymbol{r}=\frac{Q}{4\pi\varepsilon_0\varepsilon_r}\left(\frac{1}{R_1}-\frac{1}{R_2}\right)$$

(4) 介质层内储存的能量为

$$W_e=\frac{1}{2}QU_{12}=\frac{Q^2}{8\pi\varepsilon_0\varepsilon_r}\left(\frac{1}{R_1}-\frac{1}{R_2}\right)$$

或

$$W_e=\int w_e\mathrm{d}V=\int_{R_1}^{R_2}\frac{1}{2}\varepsilon_0\varepsilon_r E_2^2\cdot 4\pi r^2\mathrm{d}r$$

$$=\frac{Q^2}{8\pi\varepsilon_0\varepsilon_r}\left(\frac{1}{R_1}-\frac{1}{R_2}\right)$$

三、难点分析

本章的难点是用叠加原理求电场强度和电势。对电荷连续分布的带电体运用叠加原理计算电场强度和电势的主要步骤是：

(1) 选取合适的便于计算的电荷元 $\mathrm{d}q$；

(2) 写出 $\mathrm{d}\boldsymbol{E}$ 和 $\mathrm{d}V$ 的表达式；

(3) 若求电场强度需在图上标出电荷元 $\mathrm{d}q$ 在场点 p 的电场强度 $\mathrm{d}\boldsymbol{E}$ 的方向，根据选取的坐标(选取坐标时应尽量利用带电体及其 $\boldsymbol{E}$ 的对称性)写出 $\mathrm{d}\boldsymbol{E}$ 在坐标轴方向的分量 $\mathrm{d}E_x$、$\mathrm{d}E_y$ 和 $\mathrm{d}E_z$，从而把矢量积分变成标量积分(若求电势，因电势是标量，故可直接积分)；

(4) 定上下限积分求解。

在求解过程中难点在于如何选取合适的电荷元 $\mathrm{d}q$。选取电荷元何谓"合适"？有两个原则：一是能写出对应的 $\mathrm{d}\boldsymbol{E}$ 和 $\mathrm{d}V$；二是能进行积分运算，对简单的带电系统，如直线、圆环等，可取长度元 $\mathrm{d}\boldsymbol{l}$(或 $\mathrm{d}x$)，电荷元 $\mathrm{d}q$ 等于 $\lambda\mathrm{d}\boldsymbol{l}$，直接用点电荷的电场强度和电势公式写出 $\mathrm{d}\boldsymbol{E}$ 和 $\mathrm{d}V$，积分即可。对较复杂的带电系统如无限大带电板、圆盘、扇形平面等，可把它看成某些简单带电体的组合，如以带电细直线、细圆环、圆弧窄条等作为带电单元(电荷元)，利用这些简单带电体电场强度和电势的已有结果，写出 $\mathrm{d}\boldsymbol{E}$ 和 $\mathrm{d}V$ 的表达式，然后积分。

"微元法"是物理学中一个常用而有效的方法，在力学、电磁学等许多部分都会用到。微元法的关键是选取"合适的"微元，这需要多看、多练，积累经验，才能灵活把握。

四、练一练

(一) 选择题

1. 四个点电荷处于正方形的四个顶角上，如图 5-9 所示，则正方形中心的电场强度(　　)。

(A) $E=\dfrac{\sqrt{2}q}{\pi\varepsilon_0 a^2}$，方向为 y 轴正方向

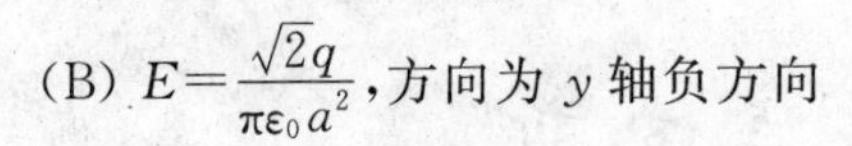

(B) $E=\frac{\sqrt{2}q}{\pi\varepsilon_0 a^2}$,方向为 y 轴负方向

(C) $E=\frac{\sqrt{2}q}{2\pi\varepsilon_0 a^2}$,方向为 x 轴正方向

(D) $E=\frac{\sqrt{2}q}{2\pi\varepsilon_0 a^2}$,方向为 x 轴负方向

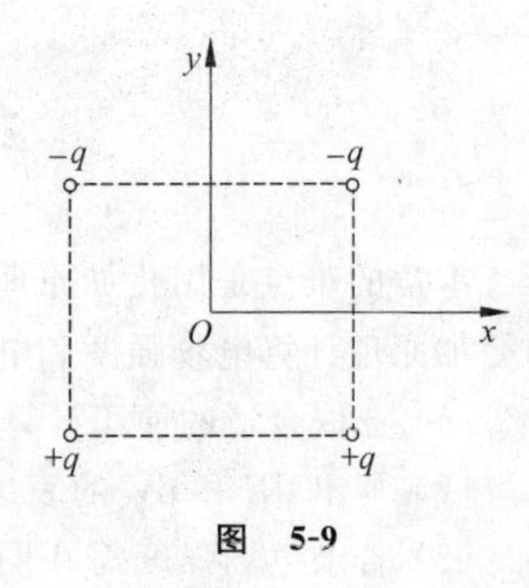

图 5-9

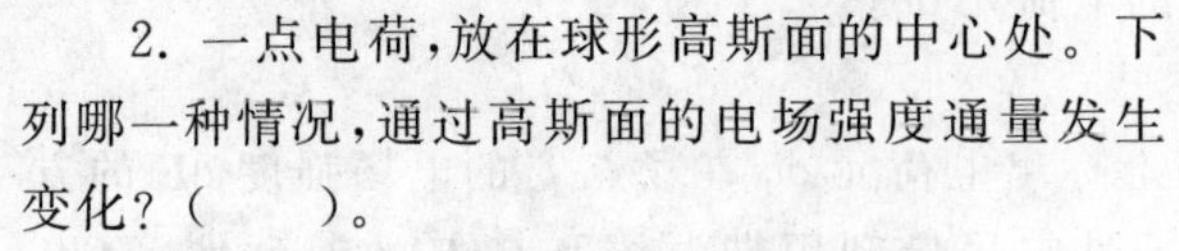

2. 一点电荷,放在球形高斯面的中心处。下列哪一种情况,通过高斯面的电场强度通量发生变化?(　　)。

(A) 将另一点电荷放在高斯面外

(B) 将另一点电荷放进高斯面内

(C) 将球心处的点电荷移开,但仍在高斯面内

(D) 将高斯面半径缩小

3. 有一电场强度为 $\boldsymbol{E}$ 的均匀电场,$\boldsymbol{E}$ 的方向与 Ox 轴正方向平行,则穿过图 5-10 中一半径为 R 的半球面的电场强度通量为(　　)。

(A) $\pi R^2 E$　　(B) $\frac{1}{2}\pi R^2 E$　　(C) $2\pi R^2 E$　　(D) 0

如果 $\boldsymbol{E}$ 的方向与 Ox 轴垂直并向下,则穿过半球面的电场强度通量为(　　)。

(A) $\pi R^2 E$　　(B) $-\pi R^2 E$　　(C) $-\frac{1}{2}\pi R^2 E$　　(D) 0

4. 有一边长为 a 的正方形平面,在其中垂线上距中心 O 点 $\frac{a}{2}$ 处有一电荷量为 q 的正点电荷,如图 5-11 所示,则通过该平面的电场强度通量为(　　)。

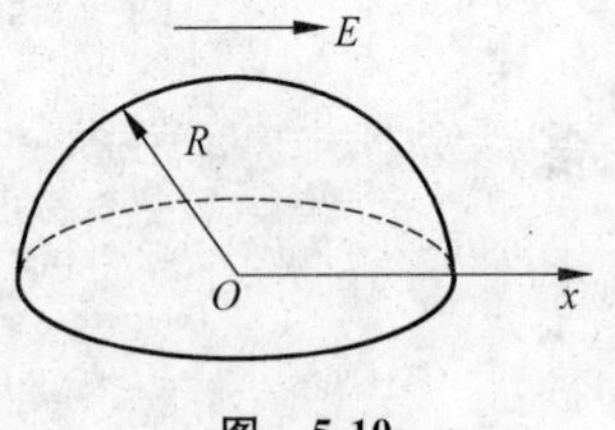

图 5-10

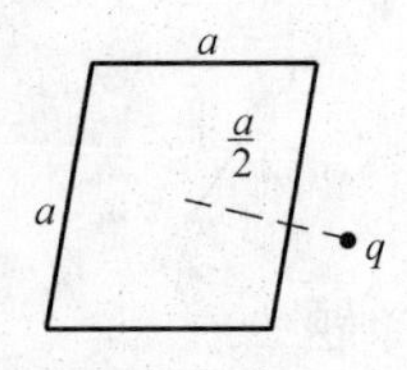

图 5-11

(A) $\frac{q}{\varepsilon_0}$　　(B) $\frac{q}{4\varepsilon_0}$　　(C) $\frac{q}{2\varepsilon_0}$　　(D) $\frac{q}{6\varepsilon_0}$

5. 已知一高斯面内所包围的电荷代数和 $\sum_i q_i = 0$，则可肯定(　　)。

(A) 高斯面上各点场强均为零

(B) 穿过高斯面上任一面元的电场强度通量均为零

(C) 穿过整个高斯面的电场强度通量为零

(D) 以上说法都不对

6. 半径为 R 的"无限长"均匀带电圆柱体的静电场中各点的电场强度的大小 E 与距轴线的距离 r 的关系曲线为下图中的(　　)。

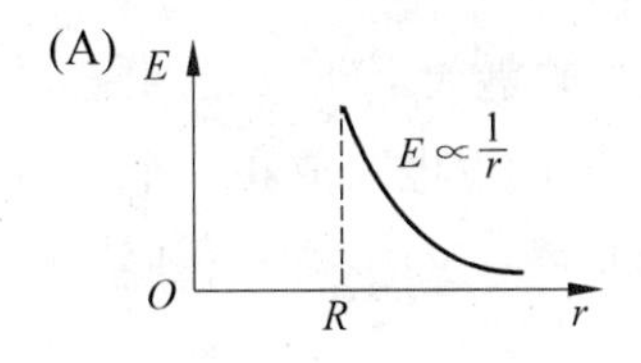

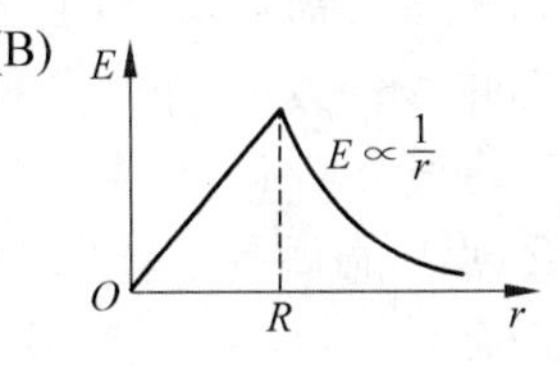

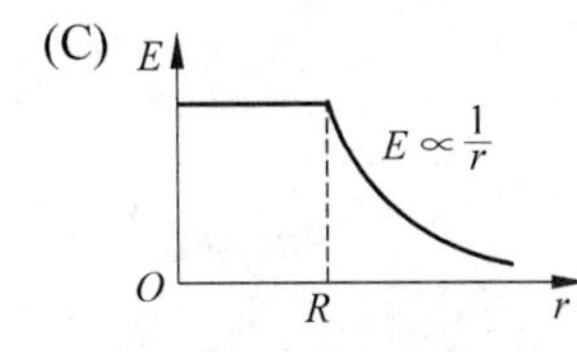

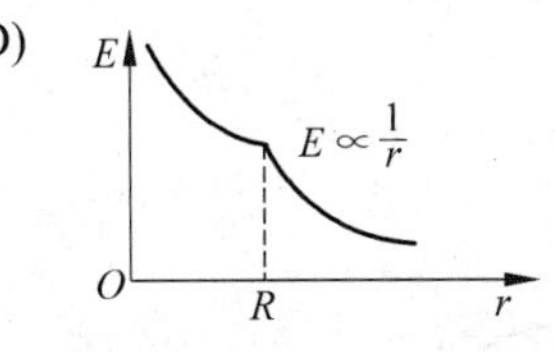

7. 图 5-12 为一具有球对称性分布的静电场的 E-r 关系曲线，试指出该静电场是由下列哪种带电体产生的。(　　)

(A) 半径为 R 的均匀带电球面

(B) 半径为 R 的均匀带电球体

(C) 半径为 R 的、电荷体密度为 $\rho = Ar$(A 为常数)的非均匀带电球体

(D) 半径为 R 的、电荷体密度为 $\rho = A/r$(A 为常数)的非均匀带电球体

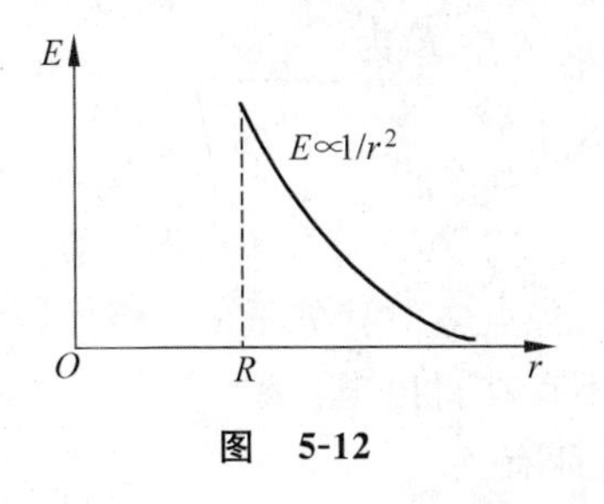

图　5-12

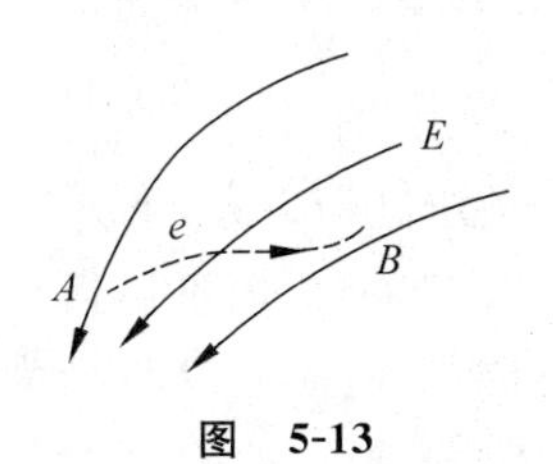

图　5-13

8. 在图 5-13 所示的静电场中，让电子逆着电场线的方向由 A 点移到 B 点，则(　　)。

(A) 电场力做正功,A 点电势高于 B 点

(B) 电场力做正功,A 点电势低于 B 点

(C) 电场力做负功,A 点电势高于 B 点

(D) 电场力做负功,A 点电势低于 B 点

9. 下列说法正确的是(　　)。

(A) 电场强度的方向总是跟电场力的方向一致

(B) 电场中电势高的点电场强度一定大

(C) 电荷沿等势面运动时,电场力一定不做功

(D) 顺着电场线方向,电势降低,场强减弱

10. 如图 5-14 所示,将一个电荷量为 q 的点电荷放在一个半径为 R 的不带电的导体球附近,点电荷距导体球球心的距离为 d。设无穷远处为零电势,则在导体球球心 O 点有(　　)。

(A) $E=0,V=\frac{q}{4\pi\varepsilon_0 d}$　　(B) $E=\frac{q}{4\pi\varepsilon_0 d^2},V=\frac{q}{4\pi\varepsilon_0 d}$

(C) $E=0,V=0$　　(D) $E=\frac{q}{4\pi\varepsilon_0 d^2},V=\frac{q}{4\pi\varepsilon_0 R}$

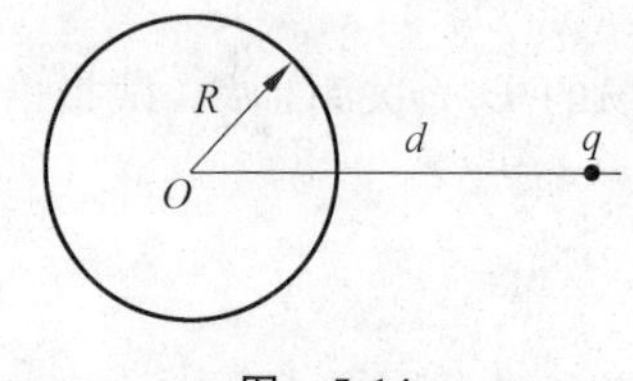

图 5-14

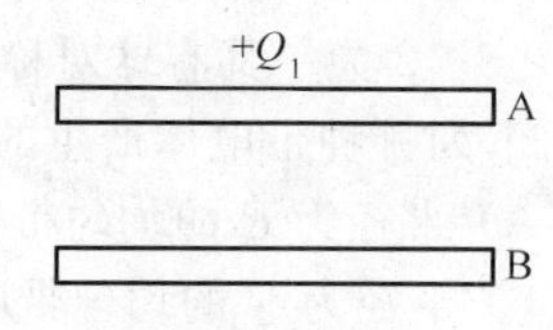

图 5-15

11. A、B 为两导体大平板,面积均为 S,平行放置,如图 5-15 所示,A 板带电荷量为 $+Q_1$,B 板不带电,则 A、B 间电场强度大小 E 为(　　)。

(A) $\frac{Q_1}{2\varepsilon_0 S}$　　(B) 0　　(C) $\frac{Q_1}{\varepsilon_0 S}$　　(D) $\frac{Q_1}{4\varepsilon_0 S}$

12. 关于高斯定理,下列说法正确的是(　　)。

(A) 高斯面内不包括自由电荷,则面上各点电位移矢量 $\boldsymbol{D}$ 为零

(B) 高斯面上 $\boldsymbol{D}$ 处处为零,则面内必不存在自由电荷

(C) 高斯面的 $\boldsymbol{D}$ 通量仅与面内自由电荷有关

(D) 以上说法都不正确

13. 一平行板电容器充电后与电源断开,然后在其一半体积中充满介电常

数为 ε 的各向同性均匀电介质，如图 5-16 所示，则(　　)。

(A) 两部分中的电场强度相等

(B) 两部分中的电位移矢量相等

(C) 两部分极板上的自由电荷面密度相等

(D) 以上三量都不相等

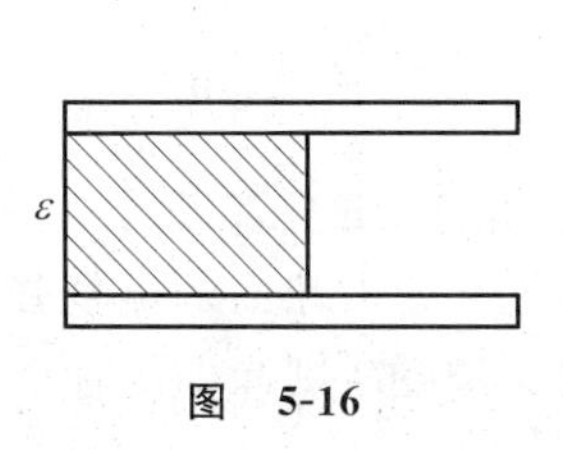

图　5-16

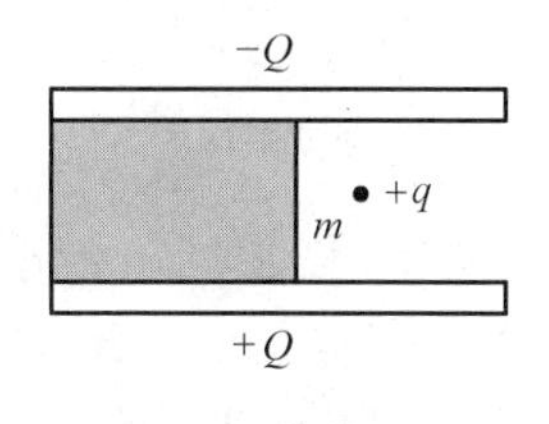

图　5-17

14. 一个大平行板电容器水平放置，两极板间的一半空间充有各向同性均匀电介质，另一半为空气，如图 5-17 所示。当两极板带上恒定的等量异号电荷时，有一个质量为 m、带电荷量为 $+q$ 的质点，在极板间的空气区域中处于平衡。此后，若把电介质抽去，则该质点(　　)。

(A) 保持不动　　　　(B) 向上运动

(C) 向下运动　　　　(D) 是否运动不能确定

(二) 填空题

1. 一带电细圆环，电荷线密度为 λ，其圆心处的电场强度 $E_0=$________；电势 $U_0=$________。(选无穷远处电势为零)

2. 两块"无限大"的带电平行平板，其电荷面密度均为 $\sigma(\sigma>0)$，如图 5-18 所示，则

Ⅰ区 $\boldsymbol{E}$ 的大小为________，方向为________。

Ⅱ区 $\boldsymbol{E}$ 的大小为________，方向为________。

Ⅲ区 $\boldsymbol{E}$ 的大小为________，方向为________。

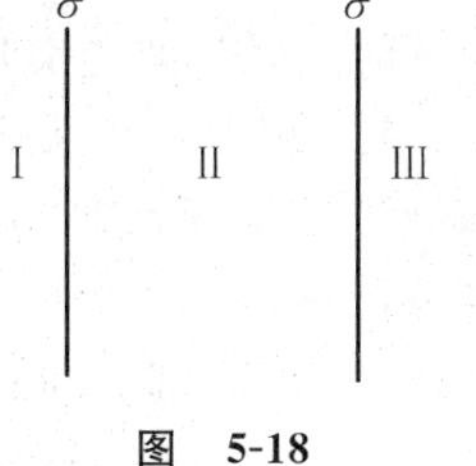

图　5-18

3. 在空间有一非均匀电场，其电场线分布如图 5-19 所示，在电场中作一半径为 R 的闭合球面 S，已知通过球面上某一面元 ΔS 的电场强度通量为 $\Delta\Phi_e$，则通过该球面其余部分的电场强度通量为________。

4. 有一边长为 a 的立方体，在其中一顶点上有一电荷量为 q 的正点电荷，

如图 5-20 所示，则通过该立方体平面 $ABCD$ 的电场强度通量为________。

图 5-19　　图 5-20

5. 如图 5-21 所示，真空中两个正点电荷 Q，相距 $2R$。若以其中一点电荷所在处 O 点为中心，以 R 为半径作高斯球面 S，则通过该球面的电场强度通量为________；若以 $\boldsymbol{r}_0$ 表示高斯面外法线方向的单位矢量，则高斯面上 a、b 两点的电场强度分别为________。

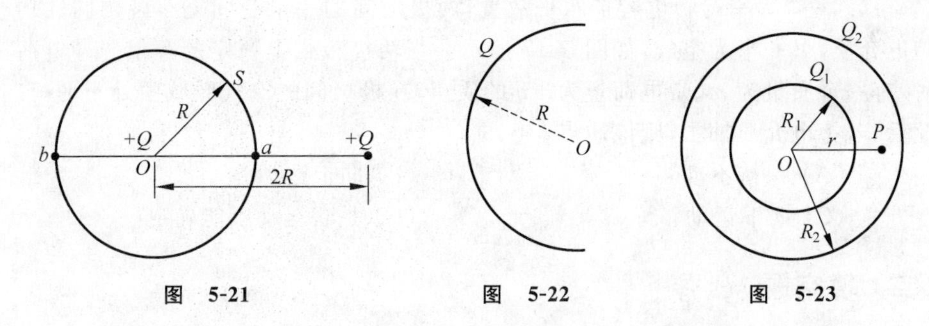

图 5-21　　图 5-22　　图 5-23

6. 真空中有一半径为 R 的半圆细环，均匀带电荷量为 Q，如图 5-22 所示。设无穷远处为电势零点，则圆心 O 点处的电势 $U_O=$________，若将一带电荷量为 q 的点电荷从无穷远处移到圆心 O 点，则电场力做功 $A=$________。

7. 如图 5-23 所示，两个同心的均匀带电球面，内球面半径为 R_1、带电荷量为 Q_1，外球面半径为 R_2、带电荷量为 Q_2。设无穷远处为电势零点，则在两个球面之间、距离球心为 r 处的 P 点的电场强度 $\boldsymbol{E}=$________，电势 $U=$________。

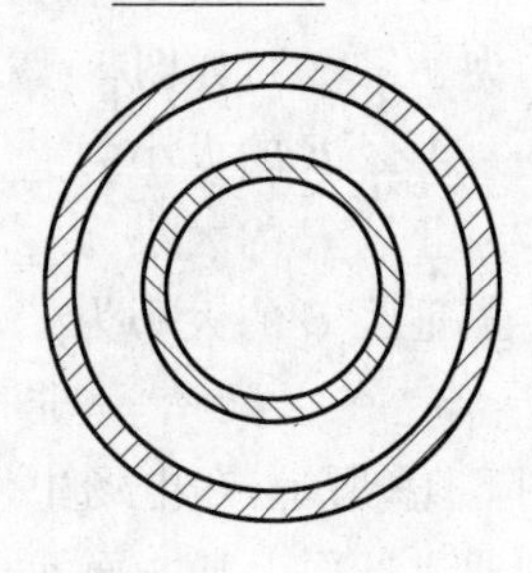
图 5-24

8. 如图 5-24 所示，两同心导体球壳，内球壳带电荷量为 $+q$，外球壳带电荷量为 $-2q$。静电平衡时，外球壳的电荷分布：内表面为________；外表面为________。

第6章 稳恒磁场

一、基本要求

1. 掌握毕奥-萨伐尔定律，能应用长直线电流、圆电流的结论和磁场叠加原理求解组合形电流的磁场。

2. 掌握磁通量的概念并会计算，理解磁场的高斯定理。

3. 熟练掌握安培环路定理及应用。

4. 了解磁介质的分类及介质中的安培环路定理。

二、主要内容及例题

(一) 毕奥-萨伐尔定律及其应用

1. 数学表达式

$$\mathrm{d}\boldsymbol{B}=\frac{\mu_0}{4\pi}\cdot\frac{I\mathrm{d}\boldsymbol{l}\times\boldsymbol{e}_r}{r^2} \tag{6-1}$$

$\mathrm{d}\boldsymbol{B}$ 为电流元 $I\mathrm{d}\boldsymbol{l}$ 在 P 点产生的磁感应强度。

$\mathrm{d}\boldsymbol{B}$ 大小为

$$\mathrm{d}B=\frac{\mu_0 I\sin\alpha}{4\pi r^2}\mathrm{d}l \tag{6-2}$$

方向为 $I\mathrm{d}\boldsymbol{l}\times\boldsymbol{e}_r$ 的方向。$\boldsymbol{e}_r$ 表示由源点指向场点。

载流导线在 P 点产生的磁感应强度为

$$\boldsymbol{B}=\int\mathrm{d}\boldsymbol{B}=\int\frac{\mu_0 I\mathrm{d}\boldsymbol{l}\times\boldsymbol{e}_r}{4\pi r^2}\quad（磁场叠加原理） \tag{6-3}$$

上式为磁感应强度的矢量表达式，求解时可由对称性分析或建立坐标分别求分量式，使矢量积分化为标量积分(定积分)。

2. 由毕奥-萨伐尔定律得到的重要结论

(1) 直导线电流

有限长直导线电流在 P 点产生的磁感应强度为

$$B=\frac{\mu_0 I}{4\pi a}(\cos\theta_1-\cos\theta_2) \tag{6-4}$$

式中 θ_1、θ_2、a 见图 6-1。

无限长直导线电流在 P 点产生的磁感应强度为

$$B=\frac{\mu_0 I}{2\pi a} \tag{6-5}$$

半无限长直导线电流在 P 点产生的磁感应强度为

$$B=\frac{\mu_0 I}{4\pi a} \tag{6-6}$$

导线延长线上 P 点的磁感应强度为

$$B=0 \tag{6-7}$$

(2) 圆形电流

轴线上 P 点的磁感应强度为

$$B=\frac{\mu_0 IR^2}{2(R^2+x^2)^{3/2}} \tag{6-8}$$

圆心处的磁感应强度为

$$B=\frac{\mu_0 I}{2R} \tag{6-9}$$

上式中的各量如图 6-2(a)所示。

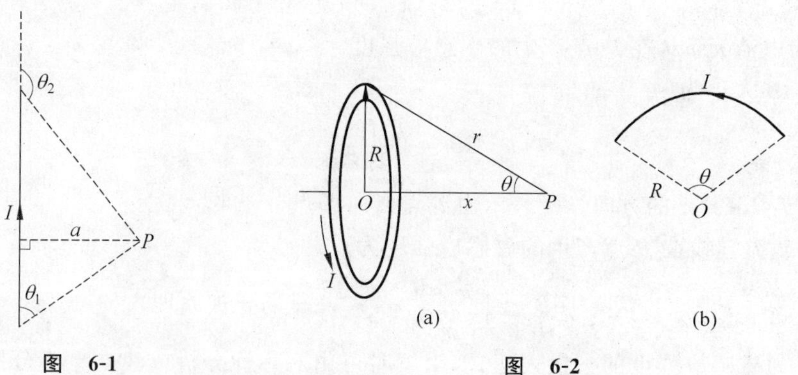

图 6-1　　图 6-2

（3）一段圆弧电流在圆心处的磁感应强度为

$$B=\frac{\mu_0 I}{2R}\cdot\frac{\theta}{2\pi} \tag{6-10}$$

其中 R 为圆的半径，见图 6-2(b)。

3. 磁场叠加原理

对于由直线及圆弧等组成的载流导线的磁场，可求出相应典型电流磁场，再矢量叠加；对于求连续分布电流所产生的磁感应强度，可取电流元 $\mathrm{d}I$，得到相应的 $\mathrm{d}\boldsymbol{B}$ 再积分。

例 6-1　如图 6-3 所示，真空中两根长直导线与粗细均匀、半径为 R 的金属圆环上 A、B 两点连接，当长直导线中通有电流 I 时，求环心 O 处的磁感应强度。

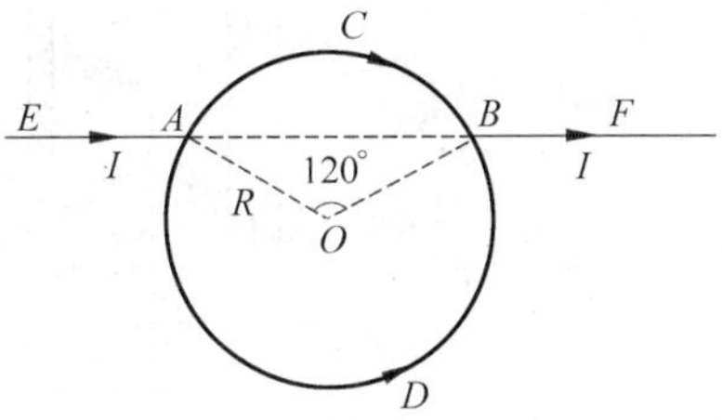

分析：O 处的磁感应强度可看作是由 $\overset{\frown}{ACB}$、$\overset{\frown}{ADB}$、$\overline{BF}$ 和 $\overline{EA}$ 四段载流导线产生的磁场的叠加。

图　6-3

解：用典型载流导线磁场叠加原理求解。

分段考虑各段导线在同一点 O 产生的磁感应强度。

$\overset{\frown}{ACB}$：电流 $I_1=\dfrac{2}{3}I$，$B_1=\dfrac{\mu_0 I_1}{2R}\times\dfrac{120^\circ}{360^\circ}=\dfrac{\mu_0 I}{9R}$，方向垂直纸面向里。

$\overset{\frown}{ADB}$：电流 $I_2=\dfrac{1}{3}I$，$B_2=\dfrac{\mu_0 I_2}{2R}\times\dfrac{240^\circ}{360^\circ}=\dfrac{\mu_0 I}{9R}$，方向垂直纸面向外。

两圆弧电流在 O 点产生的磁感应强度大小相等、方向相反。

$\overline{BF}$ 段电流在 O 点产生的磁感应强度为

$$\begin{aligned}B_3&=\frac{\mu_0 I}{4\pi a}(\cos\theta_1-\cos\theta_2)=\frac{\mu_0}{4\pi}\cdot\frac{1}{R\cos60^\circ}(\cos150^\circ-\cos180^\circ)\\&=\frac{\mu_0 I}{2\pi R}\left(1-\frac{\sqrt{3}}{2}\right)\end{aligned}$$

方向垂直纸面向里。

$\overline{EA}$ 段电流在 O 点产生的磁感应强度为

$$B_4=B_3=\frac{\mu_0 I}{2\pi R}\left(1-\frac{\sqrt{3}}{2}\right)$$

方向垂直纸面向里。

所以整个导线在 O 点产生的磁感应强度为

$$B_0 = B_1 - B_2 + B_3 + B_4 = \frac{\mu_0 I}{2\pi R}(2 - \sqrt{3})$$

方向垂直纸面向里。

例 6-2 如图 6-4(a)所示，一个半径为 R 的"无限长"半圆柱面导体，沿长度方向的电流 I 在柱面上均匀分布，求半圆柱面轴线 OO' 上的磁感应强度。

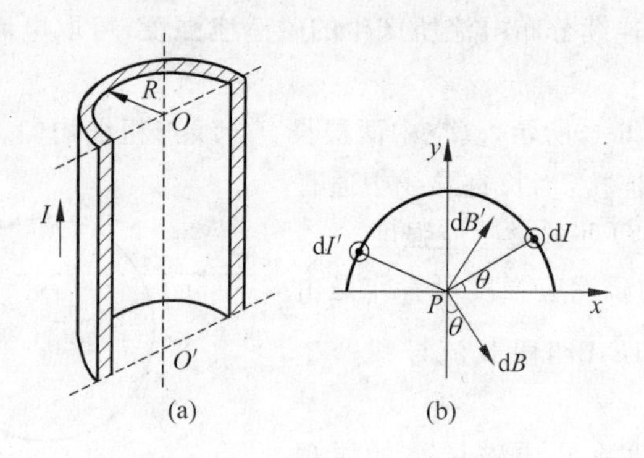

图 6-4

分析："无限长"半圆柱面导体可看成无数根无限长载流细直线的组合，每根载流直线电流为 dI，利用无限长载流直导线产生的磁感应强度结论，及磁场叠加原理计算求解。

解：取宽 dl 载流 dI"无限长"导线，在 P 处的磁感应强度为

$$\mathrm{d}B = \frac{\mu_0 \mathrm{d}I}{2\pi R}$$

方向如图 6-4(b)所示。

同理，取与 dI 具有对称性的 dI'，可推得其在 P 点的磁感应强度 dB'。其中

$$\mathrm{d}I = j\mathrm{d}l = \frac{I}{\pi R}\mathrm{d}l = \frac{I}{\pi R}R\,\mathrm{d}\theta = \frac{I}{\pi}\mathrm{d}\theta$$

由对称性知，dI、dI'产生合磁感应强度 d$\boldsymbol{B}_{合}$ 沿 x 轴正方向，即

$$\mathrm{d}B_x = \mathrm{d}B\sin\theta$$

$$B = B_x = \int \mathrm{d}B_x = \int_0^I \frac{\mu_0 \mathrm{d}I}{2\pi R}\sin\theta = \int_0^\pi \frac{\mu_0}{2\pi R} \cdot \frac{I}{\pi}\sin\theta\mathrm{d}\theta = \frac{\mu_0 I}{\pi^2 R}$$

方向沿 x 轴正方向。

（二）安培环路定理及其应用

安培环路定理的数学式为

$$\oint_L \boldsymbol{B} \cdot \mathrm{d}\boldsymbol{l} = \mu_0 \sum_i I_i \tag{6-11}$$

其中 $\sum_i I_i$ 指闭合回路 L 所包围的电流的代数和。

安培环路定理是普遍成立的定理，但用它来求 $\boldsymbol{B}$ 是有条件的。这要求电流产生的磁场具有一定的对称性，回路形状的选取与场对称性有关，回路过所求场点。

下列载流体的磁场可用安培环路定理求得：

(1)“无限长”载流直导线，“无限长”载流圆柱体、圆柱面及它们的同轴组合；

(2)“无限大”载流平面；

(3) 螺绕环和无限长螺线管。

例 6-3　有一“无限大”薄导体板，设单位宽度上的恒定电流为 I，如图 6-5 所示，求导体平板周围的磁感应强度。

分析：依照右手螺旋法则，磁感应强度 $\boldsymbol{B}$ 和电流方向相互垂直，同时由对称性分析知，无限大导电平面两侧的磁感应强度大小相同，方向反向平行。如图所示，取矩形闭合路径 $abcda$ 为闭合积分路径，使积分环绕方向与电流方向间满足右手螺旋法则。在 $\overline{ab}$、$\overline{cd}$ 上各点 $\boldsymbol{B}$ 的大小相等，方向分别与 $a\to b$、$c\to d$ 一致，而 $\overline{da}$、$\overline{bc}$ 上各点 $\boldsymbol{B}$ 的方向与 $d\to a$、$b\to c$ 的方向垂直。根据磁场的面对称分布和安培环路定理可解得磁感应强度 $\boldsymbol{B}$ 的分布。

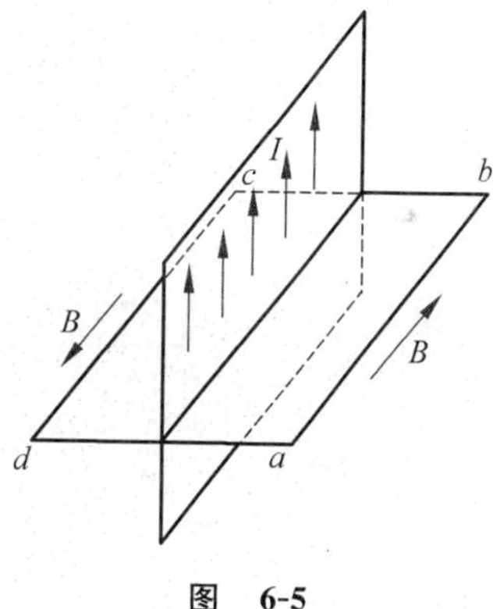

图　6-5

解：在如图所示的矩形回路 $abcd$ 中，磁感应强度沿回路的环路积分得

$$\oint_L \boldsymbol{B} \cdot \mathrm{d}\boldsymbol{l} = \int_a^b \boldsymbol{B} \cdot \mathrm{d}\boldsymbol{l} + \int_b^c \boldsymbol{B} \cdot \mathrm{d}\boldsymbol{l} + \int_c^d \boldsymbol{B} \cdot \mathrm{d}\boldsymbol{l} + \int_d^a \boldsymbol{B} \cdot \mathrm{d}\boldsymbol{l}$$

$$= B \cdot \overline{ab} + B \cdot \overline{cd} = 2B \cdot \overline{ab}$$

由安培环路定理，有

$$2B \cdot \overline{ab} = \mu_0 I \, \overline{ab}, \quad B = \frac{\mu_0 I}{2}$$

方向由右手螺旋关系确定。

（三）磁通量　磁场的高斯定理

1. 磁通量定义

$$\Phi_{\mathrm{m}}=\int_S \boldsymbol{B}\cdot \mathrm{d}\boldsymbol{S}=\int_S B\cos\theta \mathrm{d}S \tag{6-12}$$

2. 磁场的高斯定理

$$\oint_S \boldsymbol{B}\cdot \mathrm{d}\boldsymbol{S}=0 \tag{6-13}$$

揭示了磁场是无源场。

例 6-4　如图 6-6(a)所示，载流长直导线的电流为 I，试求通过矩形面积的磁通量。

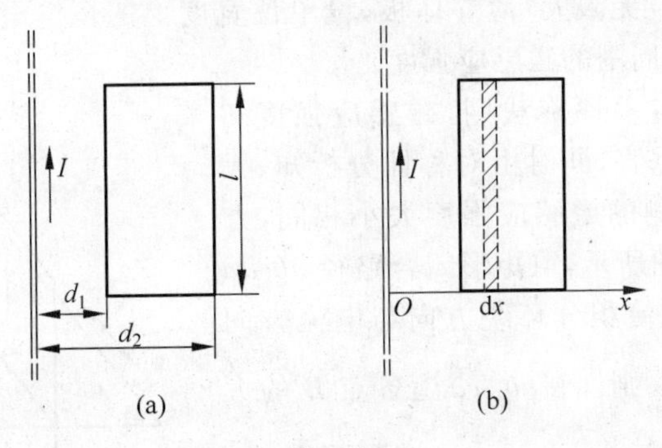

图　6-6

分析：由于矩形平面上各点的磁感应强度不同，故磁通量 $\Phi\neq BS$。为此，可在矩形平面上取一矩形面元 $\mathrm{d}S=l\mathrm{d}x$（图 6-6(b)），载流长直导线的磁场穿过该面元的磁通量为

$$\mathrm{d}\Phi=\boldsymbol{B}\cdot \mathrm{d}\boldsymbol{S}=\frac{\mu_0 I}{2\pi x}l\,\mathrm{d}x$$

矩形平面的总磁通量

$$\Phi=\int \mathrm{d}\Phi$$

解：由上述分析可得矩形平面的总磁通量

$$\Phi = \int_{d_1}^{d_2} \frac{\mu_0 I}{2\pi x} l\,\mathrm{d}x = \frac{\mu_0 Il}{2\pi} \ln \frac{d_2}{d_1}$$

例 6-5　电流 I 均匀地流过半径为 R 的圆形长直导线，试计算单位长度导线内的磁场通过图中所示剖面的磁通量。

分析：由图 6-7 可得导线内部距轴线为 r 处的磁感应强度

$$B(r) = \frac{\mu_0 Ir}{2\pi R^2}$$

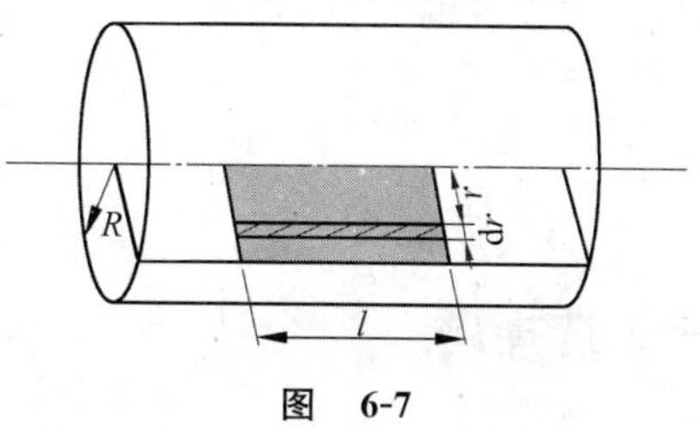

图　6-7

在剖面上磁感应强度分布不均匀，因此，需从磁通量的定义 $\Phi = \int \boldsymbol{B}(r) \cdot \mathrm{d}\boldsymbol{S}$ 来求解。沿轴线方向在剖面上取面元 $\mathrm{d}S = l\mathrm{d}r$，考虑到面元上各点 $\boldsymbol{B}$ 相同，故穿过面元的磁通量 $\mathrm{d}\Phi = B\mathrm{d}S$，通过积分，可得单位长度导线内的磁通量

$$\Phi = \int_S B\,\mathrm{d}r$$

解：由分析可得单位长度导线内的磁通量

$$\Phi = \int_0^R \frac{\mu_0 Ir}{2\pi R^2} \mathrm{d}r = \frac{\mu_0 I}{4\pi}$$

（四）磁介质的分类　介质中的安培环路定理

1. 磁介质的分类

顺磁质，$\mu_r \geqslant 1$

抗磁质，$\mu_r \leqslant 1$

铁磁质，$\mu_r \gg 1$

2. 介质中的安培环路定理

$$\oint \boldsymbol{H} \cdot \mathrm{d}\boldsymbol{l} = \sum I \qquad (6\text{-}14)$$

三、难点分析

本章的难点是利用叠加原理求磁感应强度。利用叠加原理求磁感应强度的一般方法仍是“微元法”，步骤与静电场一章中用叠加原理求电场强度的步骤相

同。处理问题的关键是如何将一些载流体分割成多个典型形状的载流单元(如例 6-1)或将电流连续分布的载流体分割成载流细直线(如例 6-2)、载流细圆环这样的微元,所求场点的磁感应强度等于这些典型载流单元或微元在该点产生的磁感应强度的矢量和。

四、练 一 练

(一) 选择题

1. 如图 6-8 所示,一载有电流 I 的回路 $abcd$,它在 O 点处所产生的磁感应强度 B_O 为(   )。

(A) $\frac{\mu_0 I\theta}{2\pi}\left(\frac{1}{R_1}-\frac{1}{R_2}\right)$,方向垂直纸面朝外

(B) $\frac{\mu_0 I\theta}{4\pi}\left(\frac{1}{R_2}-\frac{1}{R_1}\right)$,方向垂直纸面朝里

(C) $\frac{\mu_0 I\theta}{4}\left(\frac{1}{R_2}-\frac{1}{R_1}\right)$,方向垂直纸面朝里

(D) $\frac{\mu_0 I\theta}{2}\left(\frac{1}{R_2}-\frac{1}{R_1}\right)$,方向垂直纸面朝外

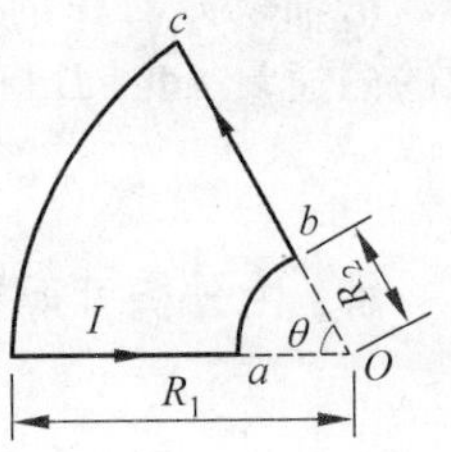

图 6-8

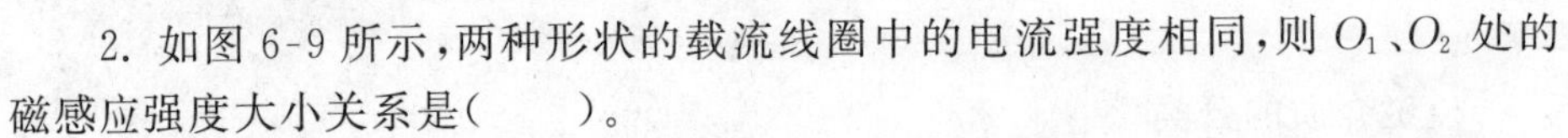

2. 如图 6-9 所示,两种形状的载流线圈中的电流强度相同,则 O_1、O_2 处的磁感应强度大小关系是(   )。

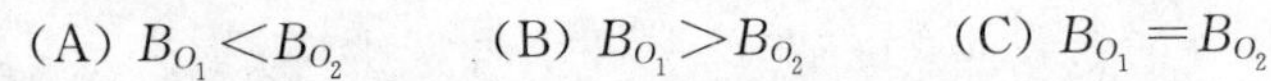

(A) $B_{O_1}<B_{O_2}$　　(B) $B_{O_1}>B_{O_2}$　　(C) $B_{O_1}=B_{O_2}$　　(D) 无法判断

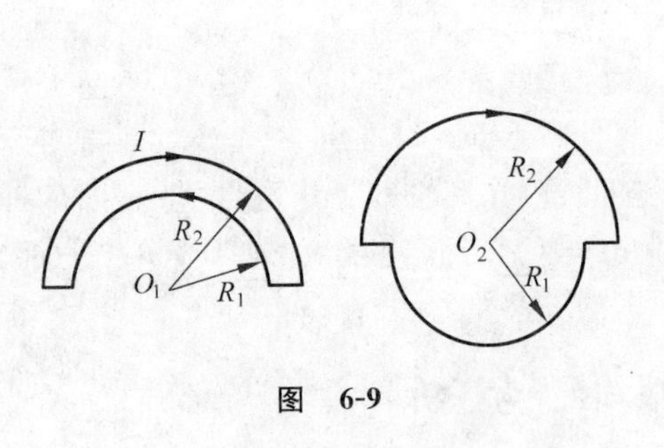

图 6-9

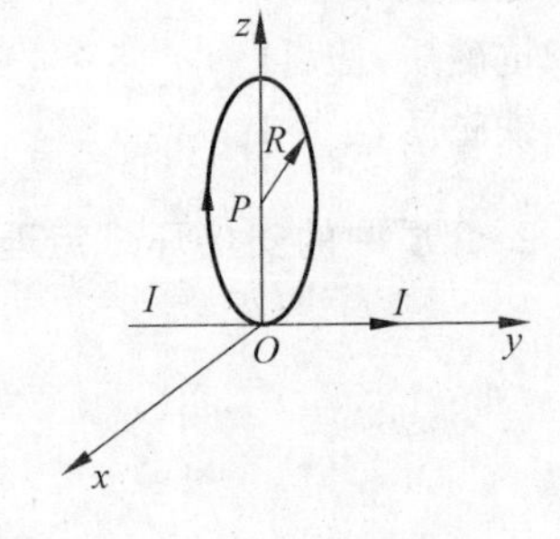

图 6-10

3. 一根沿 y 轴的"无限长"直导线在 xOz 面弯折成如图 6-10 所示的形状,当通以电流 I 时,在圆心 P 处的磁感应强度 $\boldsymbol{B}$ 的大小(   )。

(A) $B=\frac{\mu_0 I}{2R}\sqrt{1+\frac{1}{\pi^2}}$　　(B) $B=\frac{\mu_0 I}{2\pi R}\sqrt{1+\frac{1}{\pi^2}}$

(C) $B=\frac{\mu_0 I}{2R}\left(1+\frac{1}{\pi^2}\right)$　　(D) $B=\frac{\mu_0 I}{2R}\left(\frac{1}{\pi}-1\right)$

4. 通有电流 I 的"无限长"直导线弯成如图 6-11 所示的三种形状，则 P、Q、O 各点磁感应强度的大小 B_P、B_Q、B_O 间的关系为（　　）。

(A) $B_P>B_Q>B_O$　　(B) $B_Q>B_P>B_O$

(C) $B_Q>B_O>B_P$　　(D) $B_O>B_Q>B_P$

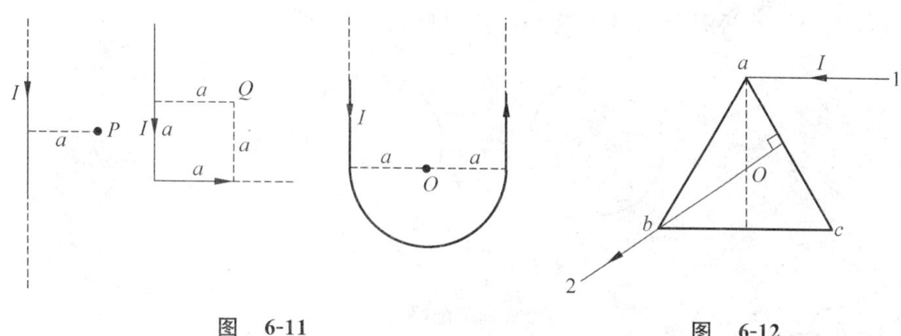

图　6-11　　　　图　6-12

5. 电流 I 由长直导线 1 沿平行于 bc 边方向经 a 点流入一电阻均匀分布的正三角形线框，再由 b 点沿垂直 ac 边方向流出，经长直导线 2 返回电源，如图 6-12 所示。若载流直导线 1、2 及三角形线框在 O 点产生的磁感应强度分别用 $\boldsymbol{B}_1$、$\boldsymbol{B}_2$ 和 $\boldsymbol{B}_3$ 表示，则 O 点磁感应强度大小（　　）。

(A) $B=0$，因为 $B_1=B_2=B_3=0$

(B) $B=0$，因为虽然 $B_1\neq0$，$B_2\neq0$，但 $B_1+B_2=0$，$B_3=0$

(C) $B\neq0$，因为虽然 $B_2=0$，$B_3=0$，但 $B_1\neq0$

(D) $B\neq0$，因为虽然 $B_1+B_2=0$，但 $B_3\neq0$

6. 如下图所示，能确切描述载流圆线圈在其轴线上任意点所产生的 B 随 x 的变化关系的是（x 坐标轴垂直于圆线圈平面，原点在圆线圈中心 O）（　　）。

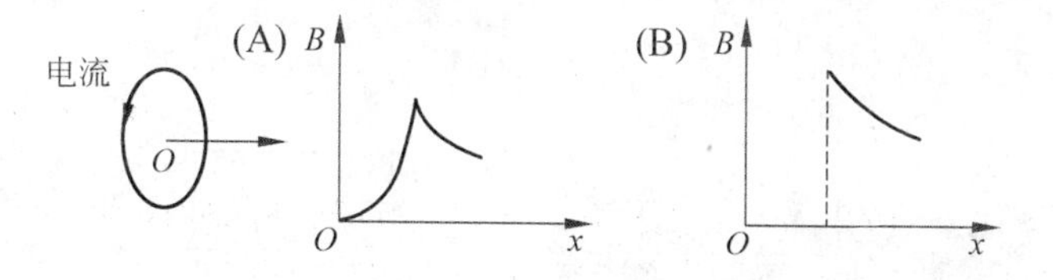

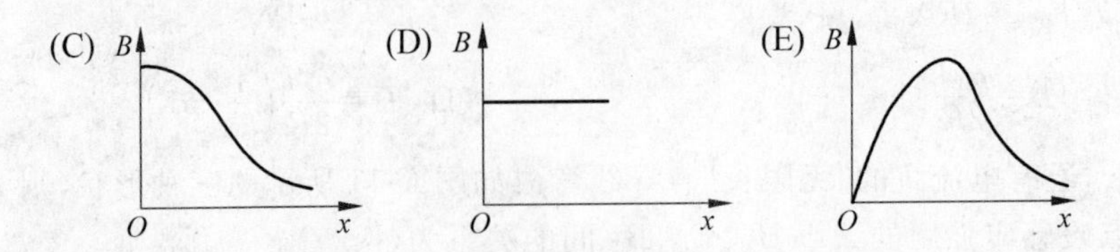

7. 如图 6-13 所示，在图(a)和图(b)中各有一半径相同的圆形回路 L_1、L_2，圆周内有电流 I_1、I_2，其分布相同，且均在真空中。但在图(b)中 L_2 回路外有电流 I_3，P_1、P_2 为两圆形回路上的对应点，则(　　)。

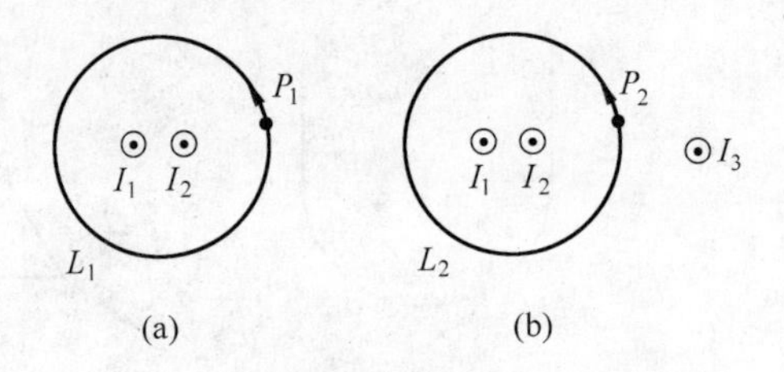

图　6-13

(A) $\oint_{L_1} \boldsymbol{B}\cdot \mathrm{d}\boldsymbol{l}=\oint_{L_2} \boldsymbol{B}\cdot \mathrm{d}\boldsymbol{l}, \boldsymbol{B}_{P_1}=\boldsymbol{B}_{P_2}$　(B) $\oint_{L_1} \boldsymbol{B}\cdot \mathrm{d}\boldsymbol{l}\neq\oint_{L_2} \boldsymbol{B}\cdot \mathrm{d}\boldsymbol{l}, \boldsymbol{B}_{P_1}=\boldsymbol{B}_{P_2}$

(C) $\oint_{L_1} \boldsymbol{B}\cdot \mathrm{d}\boldsymbol{l}=\oint_{L_2} \boldsymbol{B}\cdot \mathrm{d}\boldsymbol{l}, \boldsymbol{B}_{P_1}\neq\boldsymbol{B}_{P_2}$　(D) $\oint_{L_1} \boldsymbol{B}\cdot \mathrm{d}\boldsymbol{l}\neq\oint_{L_2} \boldsymbol{B}\cdot \mathrm{d}\boldsymbol{l}, \boldsymbol{B}_{P_1}\neq\boldsymbol{B}_{P_2}$

8. 一根很长的电缆线由两个同轴的圆柱面导体组成，若这两个圆柱的半径分别为 R_1 和 R_2($R_1<R_2$)，通有等值反向电流，其中正确反映了电流产生的磁感应强度随径向距离的变化关系的是下图中的(　　)。

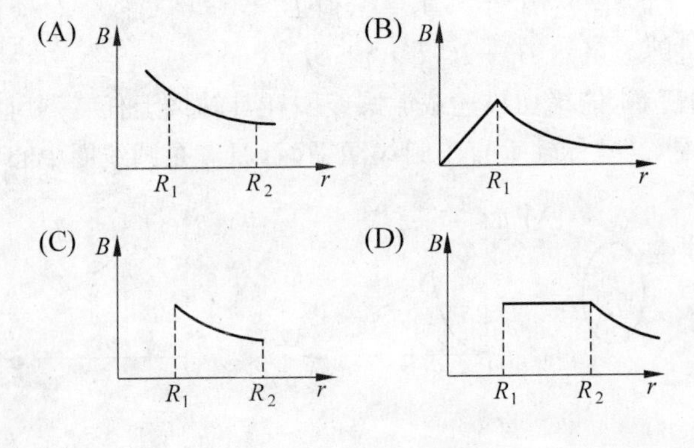

9. 如图 6-14 所示，两根直导线 ab 和 cd 沿半径方向被接到一个截面处处相等的铁环上，稳恒电流 I 从 a 端流入，从 d 端流出，则磁感应强度 $\boldsymbol{B}$ 沿图中闭合路径 L 的积分 $\oint_L \boldsymbol{B} \cdot \mathrm{d}\boldsymbol{l}$ 等于(　　)。

(A) $\mu_0 I$　　(B) $\dfrac{\mu_0 I}{3}$　　(C) $\dfrac{\mu_0 I}{4}$　　(D) $\dfrac{2\mu_0 I}{3}$

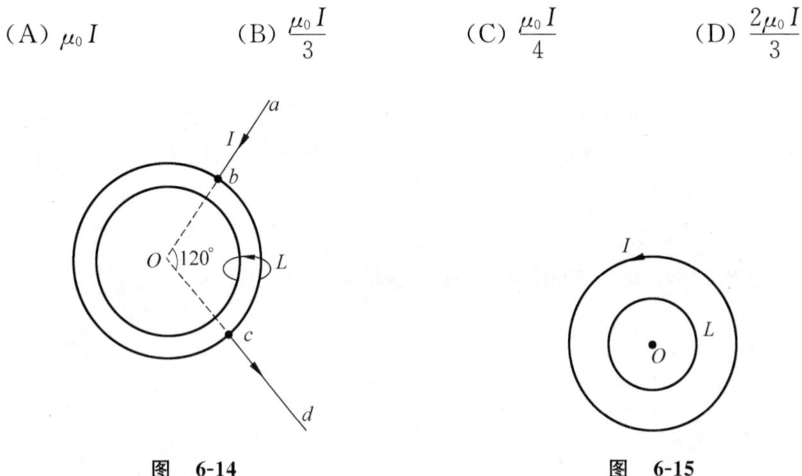

图　6-14　　　　图　6-15

10. 如图 6-15 所示，在一圆形电流 I 所在的平面内，选取一个同心圆形闭合回路 L。则由安培环路定理可知(　　)。

(A) $\oint_L \boldsymbol{B} \cdot \mathrm{d}\boldsymbol{l} = 0$，且环路上任意一点 $B = 0$

(B) $\oint_L \boldsymbol{B} \cdot \mathrm{d}\boldsymbol{l} = 0$，且环路上任意一点 $B \neq 0$

(C) $\oint_L \boldsymbol{B} \cdot \mathrm{d}\boldsymbol{l} \neq 0$，且环路上任意一点 $B \neq 0$

(D) $\oint_L \boldsymbol{B} \cdot \mathrm{d}\boldsymbol{l} \neq 0$，且环路上任意一点 $B =$ 常量

11. 一载有电流 I 的细导线分别均匀密绕在半径为 R 和 r 的长直圆筒上形成两个螺线管($R=2r$)，两螺线管单位长度上的匝数相等。两螺线管中的磁感应强度大小 B_R 和 B_r 应满足(　　)。

(A) $B_R=2B_r$　　(B) $B_R=B_r$　　(C) $2B_R=B_r$　　(D) $B_R=4B_r$

(二) 填空题

1. 在真空中，将一根“无限长”直载流导线在一平面内弯成如图 6-16 所示

的形状,并通以电流 I,则圆心 O 点的磁感应强度 $\boldsymbol{B}$ 的大小为________。

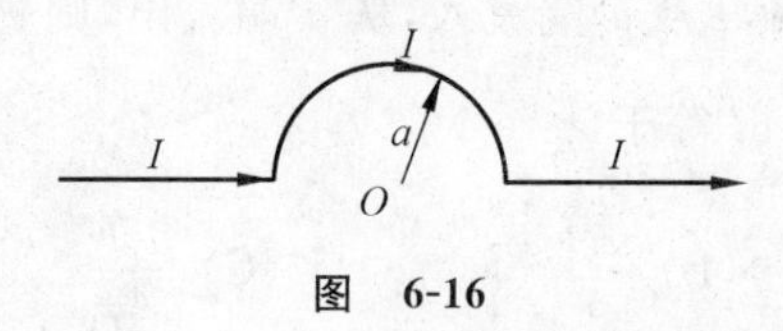

图 6-16

2. 半径为 a_1 的载流圆形线圈与边长为 a_2 的方形载流线圈通有相同的电流,如图 6-17 所示,若两线圈中心 O_1 和 O_2 的磁感应强度大小相同,则半径与边长之比 $a_1:a_2$ 为________。

3. 如图 6-18 所示,AB、CD 为长直导线,BC 为圆心在 O 点的一段圆弧形导线,其半径为 R。若通以电流 I,则 O 点的磁感应强度为____________。

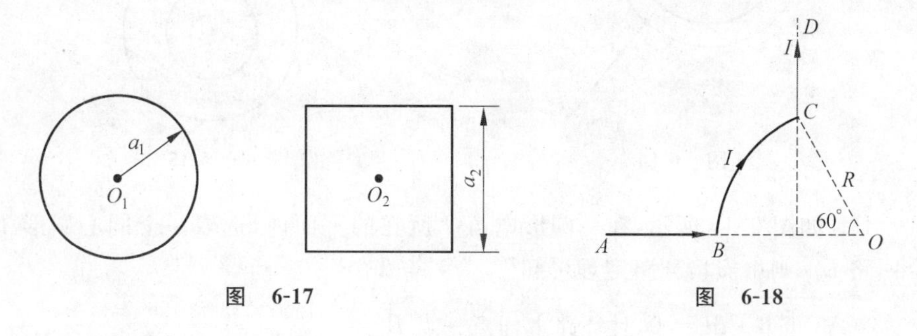

图 6-17　　　　图 6-18

4. 如图 6-19 所示,在 xOy 平面内有两根互相绝缘、分别通有电流$\sqrt{3}I$ 和 I 的长直导线。设两根导线互相垂直,则在 xOy 平面内,磁感应强度为零的点的轨迹方程为________。

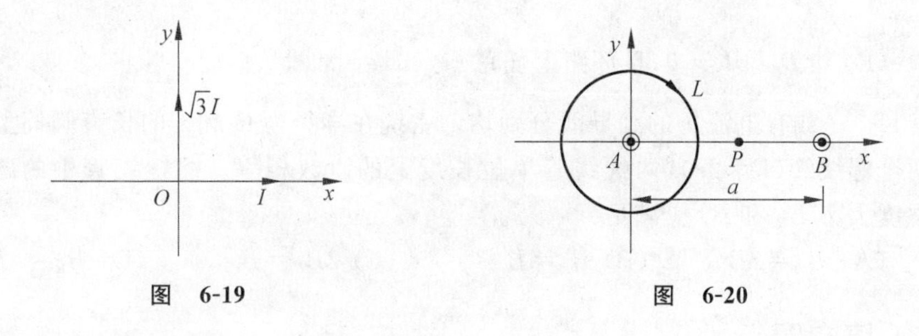

图 6-19　　　　图 6-20

5. 如图 6-20 所示,平行的"无限长"直载流导线 A 和 B,电流强度均为 I,垂直纸面向外,两根载流导线相距为 a,则:

（1）在两直导线 A 和 B 距离的中点 P 的磁感应强度 $\boldsymbol{B}=$________；

（2）磁感应强度 $\boldsymbol{B}$ 沿图中环路 L 的积分 $\oint_L \boldsymbol{B}\cdot \mathrm{d}\boldsymbol{l}=$ ________。

6. 两长直导线通有电流 I，图 6-21 中有三种环路，在每种情况下，$\oint_L \boldsymbol{B}\cdot \mathrm{d}\boldsymbol{l}$ 等于：________（环路 a）；________（环路 b）；________（环路 c）。

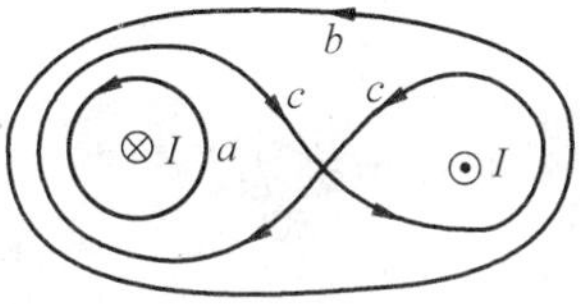

图　6-21

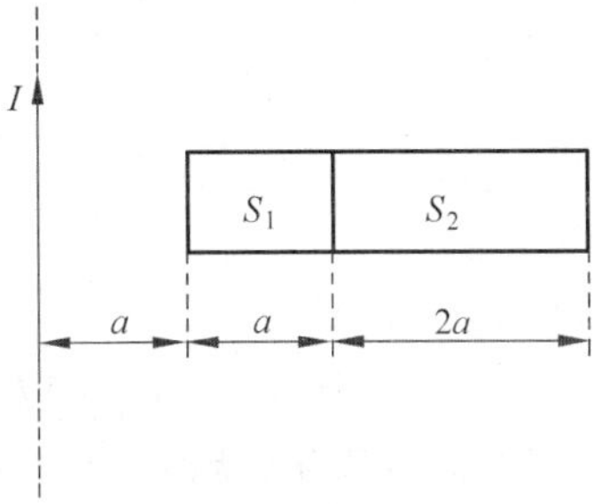

图　6-22

7. 在“无限长”直载流导线的右侧面有面积分别为 S_1 和 S_2 的两个矩形回路，如图 6-22 所示。两个回路与长直载流导线在同一平面内，且矩形回路的一边与长直载流导线平行，则通过面积 S_1 的矩形回路的磁通量与通过面积 S_2 的矩形回路的磁通量之比为________。

第 7 章　电磁感应　电磁场

一、基本要求

1. 理解电动势的概念。
2. 掌握法拉第电磁感应定律及其应用，会计算感应电动势。
3. 了解自感和互感现象，了解磁场的能量。
4. 了解位移电流及麦克斯韦方程组的积分形式。

二、主要内容及例题

（一）电动势

电动势定义：

$$\mathscr{E}=\int_{-}^{+}\boldsymbol{E}_k\cdot\mathrm{d}\boldsymbol{l}\quad\text{（非静电力只存在于电源内部）}\tag{7-1a}$$

或

$$\mathscr{E}=\oint_L\boldsymbol{E}_k\cdot\mathrm{d}\boldsymbol{l}\quad\text{（非静电力存在于整个环路）}\tag{7-1b}$$

其中，$\boldsymbol{E}_k$ 为非静电场强；$\mathscr{E}$ 的方向为由电源负极指向电源正极。

（二）法拉第电磁感应定律及其应用

法拉第电磁感应定律：

$$\mathscr{E}=-\frac{\mathrm{d}\Psi}{\mathrm{d}t}(\Psi=N\Phi)\quad\text{（负号表示方向）}\tag{7-2}$$

也可用 $\mathscr{E}=\left|\frac{\mathrm{d}\Psi}{\mathrm{d}t}\right|$ 计算 $\mathscr{E}$ 的大小，$\mathscr{E}$ 的方向由楞次定律来判断。

（三）动生电动势

1. 动生电动势中非静电力为洛伦兹力，非静电电场强度为

$$\boldsymbol{E}_k = \boldsymbol{v} \times \boldsymbol{B} \tag{7-3}$$

2. 动生电动势：由一段导体运动产生的动生电动势为

$$\mathscr{E}_{ab} = \int_a^b (\boldsymbol{v} \times \boldsymbol{B}) \cdot \mathrm{d}\boldsymbol{l} \tag{7-4}$$

由导体回路运动产生的动生电动势为

$$\mathscr{E} = \oint_L (\boldsymbol{v} \times \boldsymbol{B}) \cdot \mathrm{d}\boldsymbol{l} \tag{7-5}$$

3. 动生电动势的计算方法

(1) 利用公式 $\mathscr{E}_{ab} = \int_a^b \boldsymbol{E}_k \cdot \mathrm{d}\boldsymbol{l} = \int_a^b (\boldsymbol{v} \times \boldsymbol{B}) \cdot \mathrm{d}\boldsymbol{l}$ 直接计算。$\mathscr{E}_{ab} > 0$，表明 $\mathscr{E}$ 方向由 $a \to b$，$V_a < V_b$；$\mathscr{E}_{ab} < 0$，表明 $\mathscr{E}$ 方向由 $b \to a$，$V_a > V_b$。

(2) 构成合适回路，用法拉第电磁感应定律求解：$\mathscr{E} = \left| \frac{\mathrm{d}\Psi}{\mathrm{d}t} \right|$，$\mathscr{E}$ 的方向由楞次定律判断。

例 7-1　导线 AB 长为 l，它与一载流长直导线共面，并与其垂直。如图 7-1 所示，A 端到载流导线的距离为 a。求当 AB 以匀速 $\boldsymbol{v}$ 平行于载流导线运动时，导线中感应电动势的大小和方向。

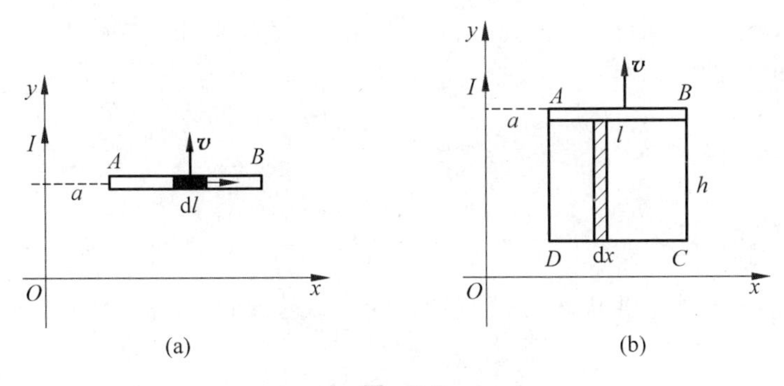

图 7-1

分析：本题可用两种方法求解：(1) 用公式 $\mathscr{E} = \int_l (\boldsymbol{v} \times \boldsymbol{B}) \cdot \mathrm{d}\boldsymbol{l}$ 求解，建立图 7-1(a) 所示的坐标系，所取导体元 $\mathrm{d}l = \mathrm{d}x$，该处的磁感应强度 $B = \frac{\mu_0 I}{2\pi x}$；

(2) 用法拉第电磁感应定律求解，需构造一个包含杆 AB 在内的闭合回路。为此可设想杆 AB 在一个静止的⊔形导轨上滑动，如图 7-1(b) 所示。设时刻 t，杆 AB 距导轨下端 CD 的距离为 y，先用公式 $\Phi=\int_S \boldsymbol{B}\cdot\mathrm{d}\boldsymbol{S}$ 求得穿过该回路的磁通量，再代入公式 $\mathscr{E}=-\frac{\mathrm{d}\Phi}{\mathrm{d}t}$，即可求得回路的电动势，亦即本题杆中的电动势。

解法一：根据分析，用公式 $\mathscr{E}_{AB}=\int_A^B(\boldsymbol{v}\times\boldsymbol{B})\cdot\mathrm{d}\boldsymbol{l}$ 求（图 7-1(a)）：

$$\mathscr{E}_{AB}=\int_A^B(\boldsymbol{v}\times\boldsymbol{B})\cdot\mathrm{d}\boldsymbol{l}=-\int_a^{a+l}vB\,\mathrm{d}x=-v\int_a^{a+l}\frac{\mu_0 I}{2\pi x}\mathrm{d}x$$

$$=-\frac{\mu_0 Iv}{2\pi}\ln\frac{a+l}{a}\quad(\text{方向为 }B\rightarrow A)$$

解法二：用法拉第电磁感应定律求解。作补充折线 $ADCB$，构成一矩形回路 $ABCDA$，通过此回路的磁通量为（图 7-1(b)）

$$\Phi_{ABCDA}=\int_S\boldsymbol{B}\cdot\mathrm{d}\boldsymbol{S}=\int_a^{a+l}Bh\,\mathrm{d}x=\int_a^{a+l}\frac{\mu_0 Ih}{2\pi x}\mathrm{d}x$$

$$=\frac{\mu_0 Ih}{2\pi}\ln\frac{a+l}{a}$$

回路中的感应电动势为

$$\mathscr{E}_{ABCDA}=-\frac{\mathrm{d}\Phi}{\mathrm{d}t}=-\frac{\mu_0 I}{2\pi}\ln\frac{a+l}{a}\frac{\mathrm{d}h}{\mathrm{d}t}=-\frac{\mu_0 Iv}{2\pi}\ln\frac{a+l}{a}$$

因为补充折线 $ADCB$ 是静止的，其中无电动势，则回路中的电动势等于 AB 段导线中的电动势。故

$$\mathscr{E}_{AB}=\mathscr{E}_{ABCDA}=-\frac{\mu_0 Iv}{2\pi}\ln\frac{a+l}{a}$$

（四）感生电动势

1. 非静电力由感生电场提供，感生电场 E_k 起源于变化的磁场。

$$\oint_L\boldsymbol{E}_k\cdot\mathrm{d}\boldsymbol{l}=-\frac{\mathrm{d}\Phi}{\mathrm{d}t}=-\int_S\frac{\partial\boldsymbol{B}}{\partial t}\cdot\mathrm{d}\boldsymbol{S}\quad(\text{回路不动})\neq 0\qquad(7\text{-}6)$$

式(7-6)说明感生电场为有旋场；

$$\oint_S\boldsymbol{E}_k\cdot\mathrm{d}\boldsymbol{S}=0\qquad(7\text{-}7)$$

式(7-7)说明感生电场为无源场。

变化磁场的周围空间，必产生感生电场（涡旋电场）。涡旋电场的存在与场中是否有回路无关。回路的存在只是把涡旋电场以电动势的形式显示出来。

2. 感生电动势的计算方法

（1）用定义式求：

$$\mathscr{E}=\oint_L \boldsymbol{E}_k \cdot \mathrm{d}\boldsymbol{l} \quad \text{（闭合回路）}$$

$$\mathscr{E}=\int_a^b \boldsymbol{E}_k \cdot \mathrm{d}\boldsymbol{l} \quad \text{（一段回路）}$$

（2）用法拉第电磁感应定律求：

$$\mathscr{E}=-\frac{\mathrm{d}\Phi}{\mathrm{d}t}$$

例 7-2　一均匀密绕的长直螺线管半径为 R_1，长为 $L(L\gg R_1)$，单位长度匝数为 n，导线中通有电流 $I=I_0\sin\omega t$。试求：

（1）螺线管内、外涡旋电场的分布；

（2）套在螺线管外且与螺线管同轴、半径为 R_2 的一个细塑料环中的感生电动势。

分析：变化磁场可以在空间激发感生电场，感生电场的空间分布与场源——变化的磁场$\left(\text{包括磁场的空间分布以及磁场的变化率}\frac{\mathrm{d}B}{\mathrm{d}t}\text{等}\right)$密切相关，即 $\oint_L \boldsymbol{E}_k \cdot \mathrm{d}\boldsymbol{l}=-\int_S \frac{\partial \boldsymbol{B}}{\partial t}\cdot \mathrm{d}\boldsymbol{S}$。在一般情况下，求解感生电场的分布是困难的。但对于本题这种特殊情况，则可以利用场的对称性进行求解。可以设想，无限长直螺线管内磁场具有柱对称性，其横截面的磁场分布如图 7-2 所示。由其激发的感生电场也一定有相应的对称性，考虑到感生电场的电场线为闭合曲线，因而本题中感生电场的电场线一定是一系列以螺线管中心轴为圆心的同心圆。同一圆周上各点的电场强度 $\boldsymbol{E}_k$ 的大小相等，方向沿圆周的切线方向。电场线绕向取决于磁场的变化情况，由楞次定律可知，当 $\frac{\mathrm{d}B}{\mathrm{d}t}<0$ 时，电场

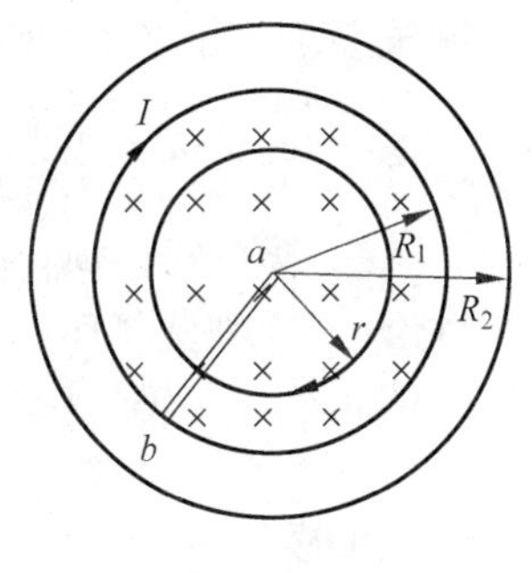

图　7-2

线绕向与 $\boldsymbol{B}$ 方向满足右手螺旋关系；当$\frac{\mathrm{d}B}{\mathrm{d}t}>0$ 时，电场线绕向与前者相反。

解：(1) 管内磁场

$$B=\mu_0 nI=\mu_0 nI_0\sin\omega t$$

由磁场分布可知，涡旋电场的电场线是以轴线为中心的一系列同心圆。在管内作半径为 r 的圆形环路(图 7-2)。

当 $r<R_1$ 时，

$$\oint \boldsymbol{E}_1\cdot \mathrm{d}\boldsymbol{l}=E_1\cdot 2\pi r=-\frac{\mathrm{d}B}{\mathrm{d}t}\int_S \mathrm{d}S=-\pi r^2\frac{\mathrm{d}B}{\mathrm{d}t}$$

$$E_1=-\frac{r}{2}\frac{\mathrm{d}B}{\mathrm{d}t}=-\frac{1}{2}\mu_0 nI_0\omega r\cos\omega t$$

类似地，在管外作圆形环路，有：当 $r>R_1$ 时，

$$\oint \boldsymbol{E}_2\cdot \mathrm{d}\boldsymbol{l}=E_2\cdot 2\pi r=-\frac{\mathrm{d}B}{\mathrm{d}t}\int_S \mathrm{d}S=-\pi R_1^2\frac{\mathrm{d}B}{\mathrm{d}t}$$

$$E_2=-\frac{R_1^2}{2r}\frac{\mathrm{d}B}{\mathrm{d}t}=-\frac{1}{2r}\mu_0 nI_0\omega R_1^2\cos\omega t$$

(2) 细塑料环虽然不处于磁场中，但其所在区域存在涡旋电场，所以塑料环中产生感生电动势。

解法一：应用法拉第电磁感应定律得

$$\mathscr{E}_i=\frac{\mathrm{d}\Phi}{\mathrm{d}t}=-\pi R_1^2\frac{\mathrm{d}B}{\mathrm{d}t}=-\pi R_1^2\mu_0 nI_0\omega\cos\omega t$$

解法二：应用电动势的定义计算，有

$$\mathscr{E}_i=\oint \boldsymbol{E}_k\cdot \mathrm{d}\boldsymbol{l}=\oint E_k\,\mathrm{d}l=2\pi R_2 E_2=2\pi R_2\left(-\frac{1}{2R_2}\mu_0 nI_0\omega R_1^2\cos\omega t\right)$$
$$=-\pi R_1^2\mu_0 nI_0\omega\cos\omega t$$

讨论：(1) 细塑料环中有无感生电流？

(2) 如图 7-2 中放置的 ab 导体中的感应电动势 $\mathscr{E}_{ab}=$？

*(五) 自感与互感

1. 自感系数

$$L=\frac{\Psi}{I}\quad\left(L=\frac{|\mathscr{E}_L|}{\mathrm{d}I/\mathrm{d}t}\right)\tag{7-8}$$

自感电动势

$$\mathscr{E}_L = -L\frac{\mathrm{d}I}{\mathrm{d}t}$$ （L 为常量，负号表示自感电动势将反抗线圈中电流的变化）

2. 互感系数

$$M_{12} = M_{21} = \frac{\Psi_{21}}{I_1} = \frac{\Psi_{12}}{I_2} \tag{7-9}$$

互感电动势

$$\mathscr{E}_{21} = -M\frac{\mathrm{d}I_1}{\mathrm{d}t}(M\text{ 不变}),\quad \mathscr{E}_{12} = -M\frac{\mathrm{d}I_2}{\mathrm{d}t}(M\text{ 不变}) \tag{7-10}$$

***例 7-3**　长直导线与矩形单匝线圈共面放置，导线与线圈的短边平行，矩形线圈的边长分别为 a、b，它到直导线的距离为 c，如图 7-3 所示。当矩形线圈中通有电流 $I=I_0\sin\omega t$ 时，求直导线中的感应电动势。

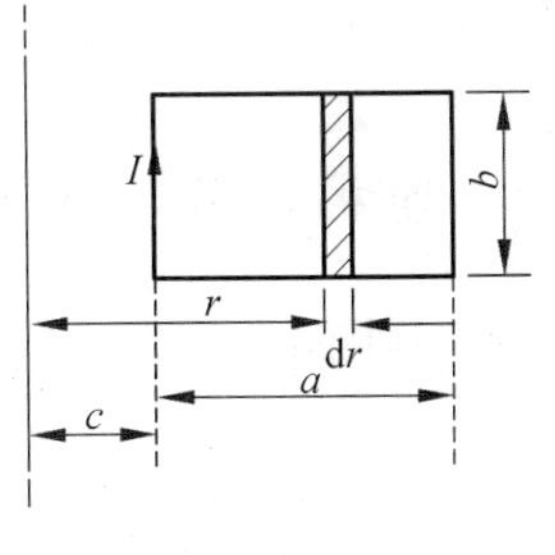

图　7-3

分析：求感应电动势的一般方法是，先计算通过回路的磁通量 Φ，然后将 Φ 对时间求导。但此题中，长直导线只能视为一无限大的闭合线圈的一部分，无法计算穿过它的磁通量，因而不宜用此法求解。本题我们换一种方法，先计算直线与矩形线圈的互感系数，再求出互感电动势。

解：先求长直导线和矩形线圈的互感系数。

设长直导线中通有电流 I_1，其周围磁场为

$$B = \frac{\mu_0 I_1}{2\pi r}$$

如图取一小面元 $\mathrm{d}S$，通过小面元的磁通量为

$$\mathrm{d}\Phi_{21} = B\mathrm{d}S = B\cdot b\mathrm{d}r$$

通过矩形线圈的磁通量为

$$\Phi_{21} = \int_S \mathrm{d}\Phi_{21} = \int_c^{c+a}\frac{\mu_0 I_1 b}{2\pi r}\mathrm{d}r = \frac{\mu_0 I_1 b}{2\pi}\ln\frac{c+a}{c}$$

$$M = \frac{\Phi_{21}}{I_1} = \frac{\mu_0 b}{2\pi}\ln\frac{c+a}{c}$$

当矩形线圈中通有电流 $I=I_0\sin\omega t$ 时，长直导线中产生的感应电动势为

$$\mathscr{E}_i = -M\frac{\mathrm{d}I}{\mathrm{d}t} = -\frac{\mu_0 I_0 b\omega}{2\pi}\ln\frac{c+a}{a}\cos\omega t$$

（六）磁能

自感磁能

$$W_{\mathrm{m}} = \frac{1}{2}LI^2 \quad \text{（适用于自感为 } L \text{ 的任意形状的载流线圈）} \tag{7-11}$$

磁能密度

$$w_{\mathrm{m}} = \frac{B^2}{2\mu} \tag{7-12}$$

磁场能量

$$W_{\mathrm{m}} = \int_V w_{\mathrm{m}}\mathrm{d}V \tag{7-13}$$

（七）位移电流　麦克斯韦方程组

位移电流

$$I_{\mathrm{d}} = \frac{\mathrm{d}\Psi_D}{\mathrm{d}t} = \int_S \frac{\partial \boldsymbol{D}}{\partial t}\cdot \mathrm{d}\boldsymbol{S} \tag{7-14}$$

位移电流密度

$$\boldsymbol{j}_{\mathrm{d}} = \frac{\partial \boldsymbol{D}}{\partial t} \tag{7-15}$$

全电流定律

$$\oint_L \boldsymbol{H}\cdot \mathrm{d}\boldsymbol{l} = I_{\mathrm{s}} = I_{\mathrm{c}} + I_{\mathrm{d}} \tag{7-16}$$

麦克斯韦方程组

$$\begin{cases} \oint_S \boldsymbol{D}\cdot \mathrm{d}\boldsymbol{S} = \sum q_0 \\ \oint_L \boldsymbol{E}\cdot \mathrm{d}\boldsymbol{l} = -\int_S \frac{\partial \boldsymbol{B}}{\partial t}\cdot \mathrm{d}\boldsymbol{S} \\ \oint_S \boldsymbol{B}\cdot \mathrm{d}\boldsymbol{S} = 0 \\ \oint_L \boldsymbol{H}\cdot \mathrm{d}\boldsymbol{l} = \int_S \left(\boldsymbol{j} + \frac{\partial \boldsymbol{D}}{\partial t}\right)\cdot \mathrm{d}\boldsymbol{S} \end{cases} \tag{7-17}$$

三、难 点 分 析

本章的重点是法拉第电磁感应定律及应用，而法拉第电磁感应定律指出，感应电动势是磁通量的时间变化率的负值，为此，本章的难点为如何求非均匀磁场中的磁通量，方法仍是“微元法”。选取一个合适的小面元 dS，而为“合适”，要求所取的小面元内的磁场是均匀的，即大小相等的、方向相同的，然后利用 $d\Phi = BdS\cos\theta$ 求出该小面元内的磁通量，再积分求出结果，积分时需正确定出积分的上下限。如例 7-1 解法二和例 7-3 有关磁通量的计算部分及上一章例 6-4 和例 6-5，均采用这种方法。

四、练 一 练

(一) 选择题

1. 如图 7-4 所示，导体棒在均匀磁场 $\boldsymbol{B}$ 中绕通过 C 点的垂直于棒长且沿磁场方向的轴 OO' 转动（角速度 ω 与 $\boldsymbol{B}$ 同方向），BC 的长度为棒长的 $\frac{1}{3}$，则(　　)。

(A) A 点比 B 点电势高　　(B) A 点与 B 点电势相等

(C) A 点比 B 点电势低　　(D) 有稳恒电流从 A 点流向 B 点

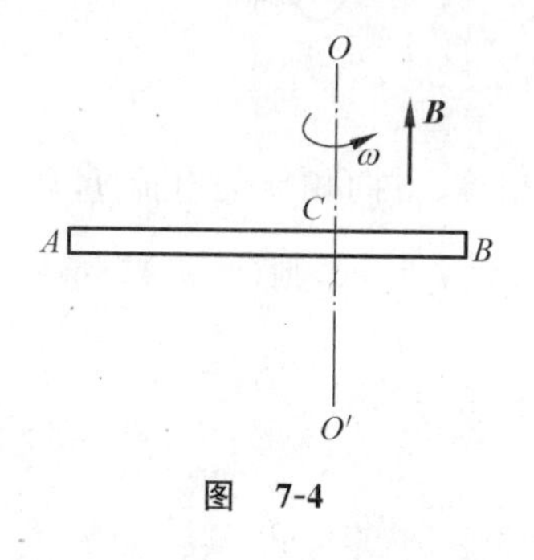

图　7-4

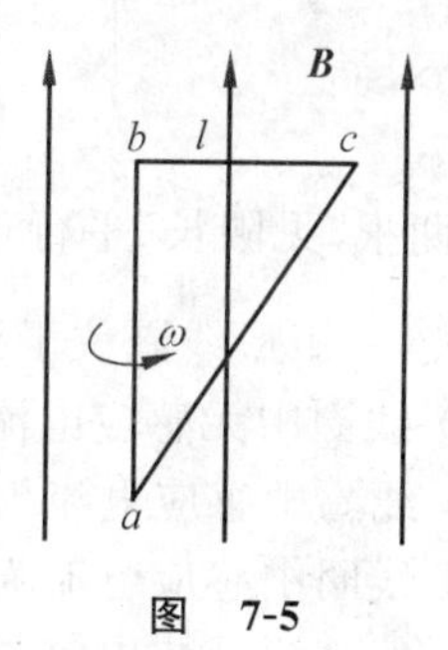

图　7-5

2. 如图 7-5 所示，直角三角形金属框架放在均匀磁场中，磁场 $\boldsymbol{B}$ 的方向为平行于 ab 边，bc 边的长度为 l。当金属框架绕 ab 边以匀角速度 ω 转动时，abc 回路中的感应电动势 $\mathscr{E}$ 和 a、c 两点间的电势差 $V_a - V_c$ 为(　　)。

(A) $\mathscr{E}=0, V_a-V_c=\frac{1}{2}B\omega l^2$

(B) $\mathscr{E}=0, V_a-V_c=-\frac{1}{2}B\omega l^2$

(C) $\mathscr{E}=B\omega l^2, V_a-V_c=\frac{1}{2}B\omega l^2$

(D) $\mathscr{E}=B\omega l^2, V_a-V_c=-\frac{1}{2}B\omega l^2$

3. 如图 7-6 所示，矩形区域内为均匀稳恒磁场，半圆形闭合导线回路在纸面内绕轴 O 作逆时针方向的匀角速转动，O 点是圆心且恰好落在磁场的边缘上，半圆形闭合导线完全在磁场外时开始计时。下图中(A)～(D)的 $\mathscr{E}$-t 函数图像中属于半圆形导线回路中产生的感应电动势的是(　　)。

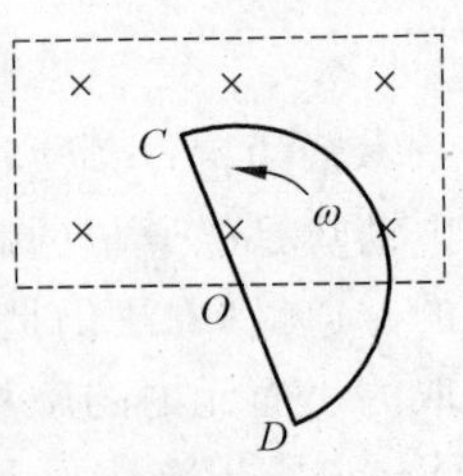

图 7-6

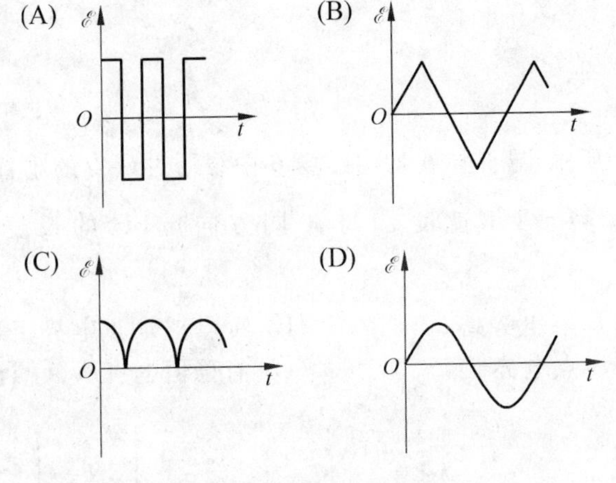

4. 两根"无限长"平行直导线载有大小相等、方向相反的电流 I，I 以 $\frac{\mathrm{d}I}{\mathrm{d}t}$ 的变化率增长，一矩形线圈位于导线平面内，如图 7-7 所示，则(　　)。

(A) 线圈中无感应电流

(B) 线圈中感应电流为顺时针方向

(C) 线圈中感应电流为逆时针方向

(D) 线圈中感应电流方向不确定

5. 将导线折成半径为 R 的 $\frac{3}{4}$ 圆弧，然后放在垂直纸面向里的均匀磁场中，导线沿 aOe 的分角线方向以速度 $\boldsymbol{v}$ 向右运动，见图 7-8。

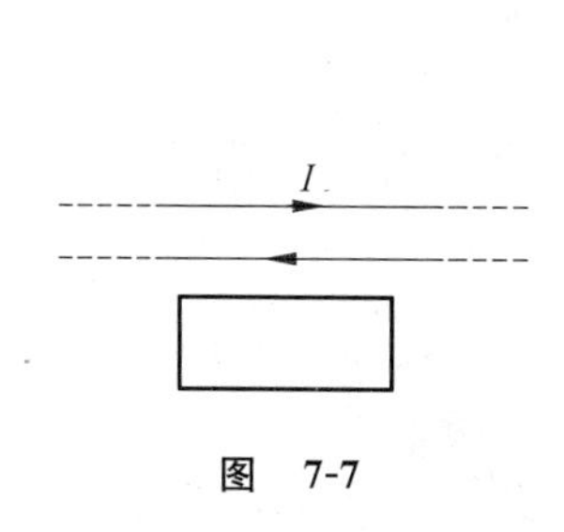

图　7-7

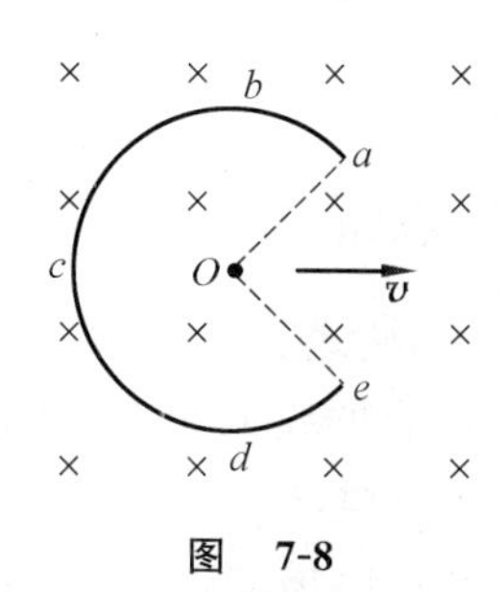

图　7-8

(1) 导线中产生的感应电动势为(　　)。

(A) 0　　(B) $\frac{\sqrt{2}}{2}BR\boldsymbol{v}$　　(C) $BR\boldsymbol{v}$　　(D) $\sqrt{2}BR\boldsymbol{v}$

(2) 导线中电势差最大的两点为(　　)。

(A) a 与 e　　(B) b 与 d　　(C) a 与 c　　(D) c 与 d

6. 在圆柱形空间内有一磁感应强度为 $\boldsymbol{B}$ 的均匀磁场，如图 7-9 所示。$\boldsymbol{B}$ 的大小以速率$\frac{\mathrm{d}B}{\mathrm{d}t}$变化，在磁场中有 A、B 两点，其间可放置一直导线和一弯曲的导线，则(　　)。

(A) 电动势只在直导线中产生

(B) 电动势只在弯曲的导线中产生

(C) 电动势在直导线和弯曲的导线中都产生，且两者大小相等

(D) 直导线中的电动势小于弯曲导线中的电动势

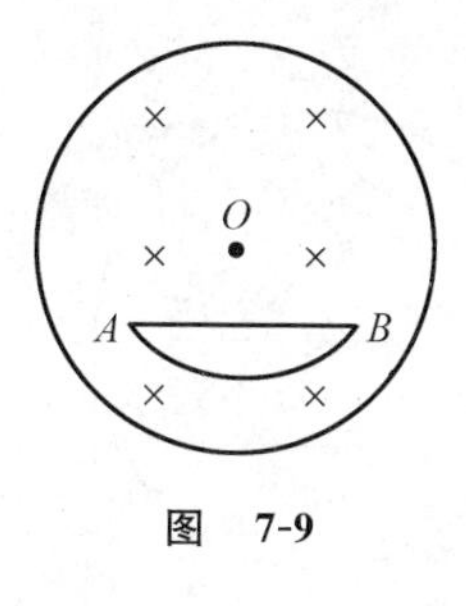

图　7-9

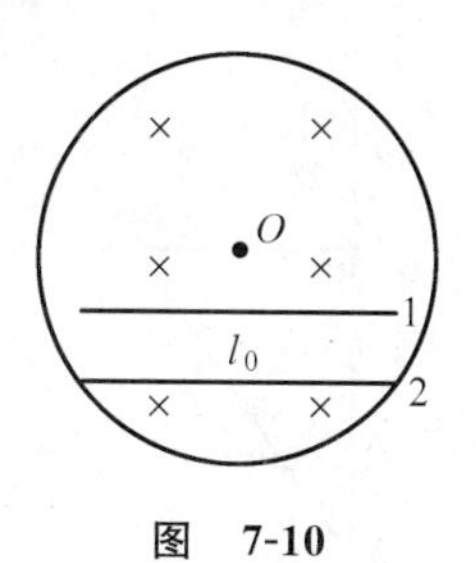

图　7-10

7. 在圆柱形空间中有一磁感应强度为 $\boldsymbol{B}$ 的均匀磁场，如图 7-10 所示，$\boldsymbol{B}$ 的大小以速率$\frac{\mathrm{d}B}{\mathrm{d}t}$变化，今有一长度为 l_0 的金属棒先后放在磁场的两个不同位置 1 和 2，则金属棒在这两个位置时棒内的感应电动势的大小关系为(　　)。

(A) $\mathscr{E}_2=\mathscr{E}_1\neq0$　　(B) $\mathscr{E}_2>\mathscr{E}_1$

(C) $\mathscr{E}_2<\mathscr{E}_1$　　(D) $\mathscr{E}_2=\mathscr{E}_1=0$

8. 在感应电场中电磁感应定律可写成$\oint_L \boldsymbol{E}_k\cdot\mathrm{d}\boldsymbol{l}=-\frac{\mathrm{d}\Phi}{\mathrm{d}t}$，式中$\boldsymbol{E}_k$为感应电场的电场强度，此式表明(　　)。

(A) 闭合曲线L上$\boldsymbol{E}_k$处处相等

(B) 感应电场是保守力场

(C) 感应电场的电力线不是闭合曲线

(D) 在感应电场中不能像对静电场那样引入电势的概念

9. 对位移电流，有下述四种说法，其中正确的是(　　)。

(A) 位移电流是由变化的电场产生的

(B) 位移电流是由线性变化的磁场产生的

(C) 位移电流的热效应服从焦耳-楞次定律

(D) 位移电流的磁效应不服从安培环路定理

(三) 填空题

1. 如图7-11所示，直角三角形金属框架abc放在均匀磁场$\boldsymbol{B}$中，$\boldsymbol{B}$平行于ab边，当金属框绕ab边以角速度ω转动时，$abca$回路中的感应电动势$\mathscr{E}=$________，如果bc边的长度为l，则a、c两点间的电势差$U_a-U_c=$________。

2. 半径为L的均匀导体圆盘绕通过中心O的垂直轴转动，角速度为ω，盘面与均匀磁场$\boldsymbol{B}$垂直，如图7-12所示。

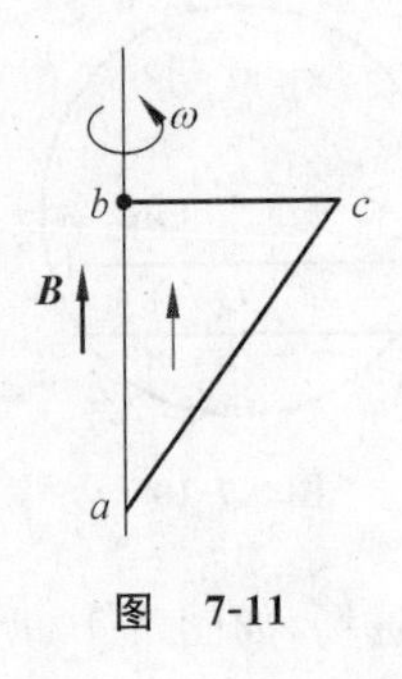

图 7-11

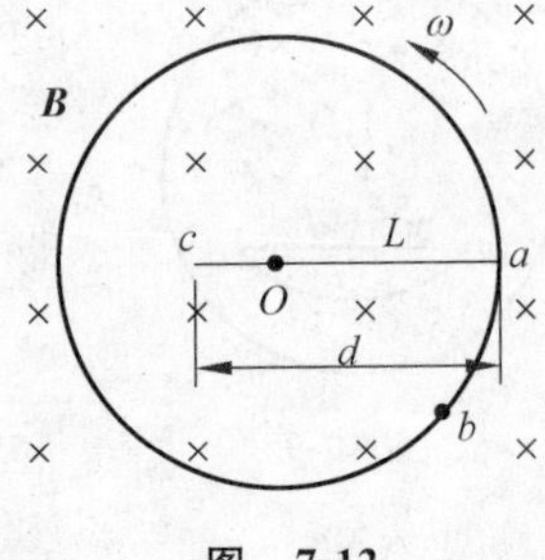

图 7-12

(1) 在图上标出Oa线段中动生电动势的方向；

(2) 填写下列电势差的值(设ca段长度为d)：

$V_a - V_O =$ ________；

$V_a - V_b =$ ________；

$V_a - V_c =$ ________。

3. 载有恒定电流 I 的长直导线旁有一半圆环导线 cd，半圆环半径为 b，环面与直导线垂直，且半圆环两端点连线的延长线与直导线相交，如图 7-13 所示。当半圆环以速度 $\boldsymbol{v}$ 沿平行于直导线的方向平移时，半圆环上的感应电动势的大小为________。

4. 一半径为 R 没有铁芯的"无限长"密绕螺线管，单位长度上的匝数为 n，通入 $\frac{\mathrm{d}I}{\mathrm{d}t}=$ 常数的增长电流，将一导线垂直于磁场放置在管内外，如图 7-14 所示，设 $ab=bc=R$，则导线 ab 上感生电动势的大小为________，导线 bc 上的感生电动势的大小为________。

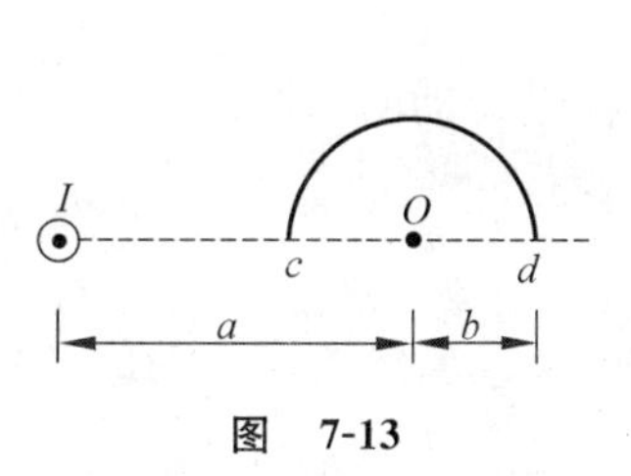

图　7-13

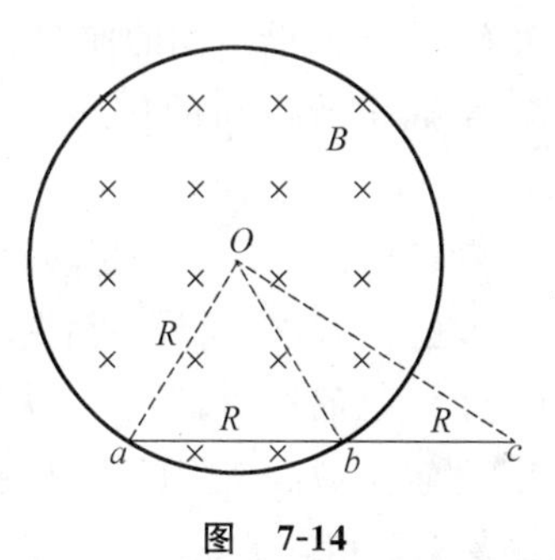

图　7-14

第 8 章　简谐运动　简谐波

一、基本要求

1. 掌握简谐运动的基本特征(动力学方程、运动学方程)和规律。

2. 掌握简谐运动的振幅、周期、频率、圆频率、相位等物理量的物理意义及相互关系,掌握简谐运动的曲线。

3. 掌握简谐运动的旋转矢量表示法,能用该方法判断初相位并求解相位差。

4. 理解简谐运动的能量转换过程,会计算简谐运动的能量。

5. 掌握同方向、同频率简谐运动的合成规律。

*6. 了解阻尼振动、受迫振动及共振现象。

7. 理解机械波产生的条件、振动与波动的关系,掌握描述波动的各物理量的物理意义及相互关系。

8. 掌握平面简谐波的波动方程及其物理意义,能够根据已知条件建立平面简谐波的波动方程。

9. 理解波的能量传播特征,分清波动能量与振动能量的区别。

10. 理解惠更斯原理和波的叠加原理。

11. 理解波的干涉条件,能应用相位差或波程差的概念分析和确定相干波叠加后振幅加强和减弱的条件。

*12. 了解驻波的概念及形成条件、驻波的特点和半波损失,能确定波腹 、波节的位置。

二、主要内容及例题

（一）简谐运动

1. 动力学方程

$$F=-kx \tag{8-1a}$$

微分方程

$$\frac{d^2x}{dt^2}=-\omega^2x \tag{8-1b}$$

2. 简谐运动方程

位移

$$x=A\cos(\omega t+\varphi) \tag{8-2}$$

速度

$$v=\frac{dx}{dt}=-\omega A\sin(\omega t+\varphi) \tag{8-3}$$

加速度

$$a=\frac{dv}{dt}=-\omega^2A\cos(\omega t+\varphi) \tag{8-4}$$

3. 几个特征量

振幅 A：偏离平衡位置的最大距离。

频率 ν：单位时间内振动的次数。

周期 T：振动一次的时间，

$$T=\frac{1}{\nu}=\frac{2\pi}{\omega} \tag{8-5}$$

圆频率 ω：是振动系统固有的特征量，由系统本身的性质决定，代表 2π 时间单位内物体完全振动的次数。

$$\begin{cases} 弹簧振子：\omega = \left(\dfrac{k}{m}\right)^{\frac{1}{2}} \\ 单摆：\omega = \sqrt{\dfrac{g}{l}} \\ 复摆：\omega = \sqrt{\dfrac{mgl}{J}} \end{cases} \tag{8-6}$$

相位：$\phi=\omega t+\varphi$

初相位：φ。$t=0$ 时的相位称为初相位，它与初始条件(x_0,v_0)具有等价性。

4. 旋转矢量

旋转矢量法是用一个长度为 A，初始时刻与 x 轴的夹角为 φ，并以角速度 ω 逆时针旋转的矢量来表示简谐运动的。

掌握用旋转矢量法确定初相位，求解从一处运动到另一处所需的最短时间等。

5. 简谐运动的能量

动能

$$E_k = \frac{1}{2}mv^2$$

势能

$$E_p = \frac{1}{2}kx^2$$

机械能

$$E = E_k + E_p = \frac{1}{2}mv^2 + \frac{1}{2}kx^2 = \frac{1}{2}kA^2 = \frac{1}{2}m(\omega A)^2 \tag{8-7}$$

简谐运动中机械能守恒。

6. 同方向、同频率简谐运动的合成

(1) 解析法

$$x_1 = A_1\cos(\omega t + \varphi_1),\quad x_2 = A_2\cos(\omega t + \varphi_2)$$

其合振动运动方程为

$$x = x_1 + x_2 = A\cos(\omega t + \varphi)$$

其中合振幅和初相位分别满足：

$$A = \sqrt{A_1^2 + A_2^2 + 2A_1A_2\cos(\varphi_2 - \varphi_1)} \tag{8-8a}$$

$$\tan\varphi = \frac{A_1\sin\varphi_1 + A_2\sin\varphi_2}{A_1\cos\varphi_1 + A_2\cos\varphi_2} \tag{8-8b}$$

当 $\varphi_2 - \varphi_1 = 2k\pi(k=0,\pm1,\pm2,\cdots)$时，$A=A_1+A_2$，合振幅最大；

当 $\varphi_2 - \varphi_1 = (2k+1)\pi(k=0,\pm1,\pm2,\cdots)$时，$A=|A_1-A_2|$，合振幅最小。

(2) 旋转矢量法

首先作出两简谐运动的振幅矢量 $\boldsymbol{A}_1$、$\boldsymbol{A}_2$，然后根据平行四边形法则求出合矢量 $\boldsymbol{A}=\boldsymbol{A}_1+\boldsymbol{A}_2$。

例 8-1 一质点沿 x 轴作简谐运动，振幅 $A=0.1\text{m}$，周期 $T=2\text{s}$。当 $t=0$ 时位移 $x=0.05\text{m}$，且向 x 轴正方向运动，求：

(1) 质点的运动方程；

(2) $t=0.5\text{s}$ 时质点的位置、速度和加速度的大小；

(3) 若质点在 $x=-0.05\text{m}$ 处且向 x 轴负方向运动，质点从这一位置第一次回到平衡位置所需的时间。

分析：在振幅 A 和周期 T 已知的条件下，确定初相位 φ 是求解简谐运动方程的关键。初相的确定通常有两种方法：

(1) 由振动方程出发，根据初始条件，即 $t=0$ 时，$x=x_0$ 和 $v=v_0$ 来确定 φ 值。

(2) 旋转矢量法，如图 8-1 所示，将质点在 Ox 轴上振动的初始位置 x_0 和速度 v_0 的方向与旋转矢量图相对应来确定 φ。此法比较直观、方便。

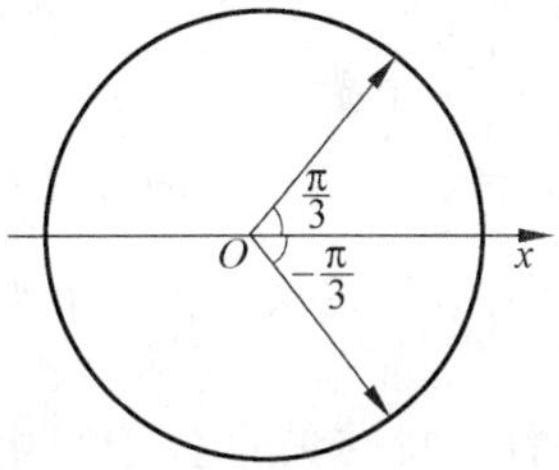

图 8-1

解答：(1) 设质点的运动方程为

$$x = A\cos(\omega t + \varphi)$$

由题意知，$A=0.1\text{m}$，$T=2\text{s}$，所以 $\omega=\frac{2\pi}{T}=\pi$，运动方程为

$$x = 0.1\cos(\pi t + \varphi)$$

根据初始条件，$t=0$，$x=0.05\text{m}$，得

$$0.05 = 0.1\cos\varphi, \quad \cos\varphi = \frac{1}{2}, \quad \varphi = \pm\frac{\pi}{3}$$

因为 $t=0$ 时，质点沿 x 轴正向运动，即 $v>0$，而质点速度的表达式为

$$v = -0.1\pi\sin(\pi t + \varphi)$$

当 $t=0$ 时，$v_0=-0.1\pi\sin\varphi$。

要使 $v_0>0$，φ 必须小于零，所以 $\varphi=-\frac{\pi}{3}$，于是质点的运动方程为

$$x=0.1\cos\left(\pi t-\frac{\pi}{3}\right)\text{m}$$

注意：初相位 φ 也可由旋转矢量法求得(图 8-1)。

根据初始条件，$t=0$，$x=0.05\text{m}$，得

$$0.05=0.1\cos\varphi,\quad \cos\varphi=\frac{1}{2},\quad \varphi=\pm\frac{\pi}{3},$$

因为 $v_0>0$，由旋转矢量法可知，$\varphi=-\frac{\pi}{3}$。

(2) $t=0.5\text{s}$ 时：

$$x=0.1\cos\left(\frac{\pi}{2}-\frac{\pi}{3}\right)=0.1\cos\frac{\pi}{6}\approx 0.087(\text{m})$$

$$v=-0.1\pi\sin\left(\frac{\pi}{2}-\frac{\pi}{3}\right)=-0.1\pi\sin\frac{\pi}{6}\approx -0.157(\text{m/s})$$

$$a=-0.1\pi^2\cos\left(\frac{\pi}{2}-\frac{\pi}{3}\right)=-0.1\pi^2\cos\frac{\pi}{6}\approx -0.855(\text{m/s}^2)$$

(3) 求解从一个运动状态到另一个运动状态的时间间隔，利用旋转矢量法比较直观方便。如图 8-2 所示，当 $x=-0.05\text{m}$ 且向 x 轴负方向运动时，旋转矢量位于图中 P 处，相位角为 $\frac{2\pi}{3}$，当第一次回到平衡位置时，旋转矢量位于图中 Q 处，相位角为 $\frac{3\pi}{2}$。两状态之间的相位角之差为

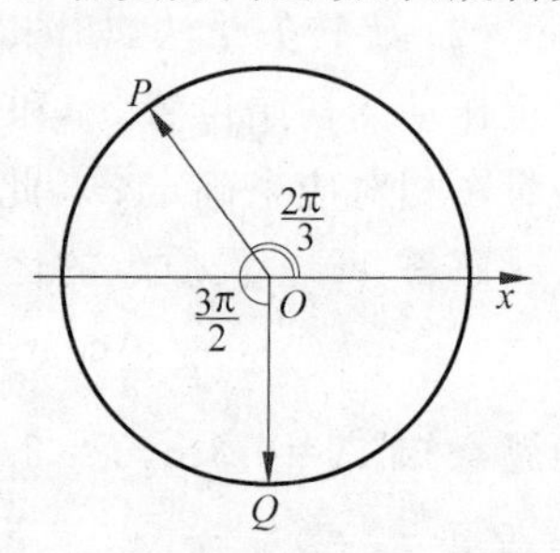

图 8-2

$$\Delta\phi=\frac{3\pi}{2}-\frac{2\pi}{3}=\frac{5}{6}\pi$$

由 $\Delta\phi=\omega\Delta t$ 得时间间隔

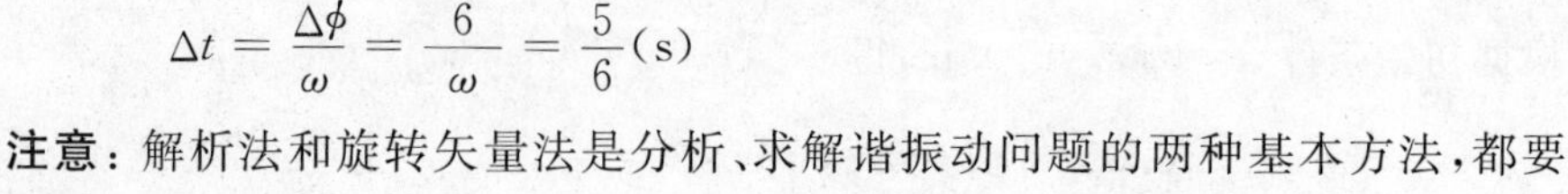

$$\Delta t=\frac{\Delta\phi}{\omega}=\frac{\frac{5\pi}{6}}{\omega}=\frac{5}{6}(\text{s})$$

注意：解析法和旋转矢量法是分析、求解谐振动问题的两种基本方法，都要求能熟练掌握。

例 8-2 某振动质点的 x-t 曲线如图 8-3(a)所示，试求：(1)运动方程；(2)点 P 对应的相位；(3)到达点 P 相应位置所需的时间。

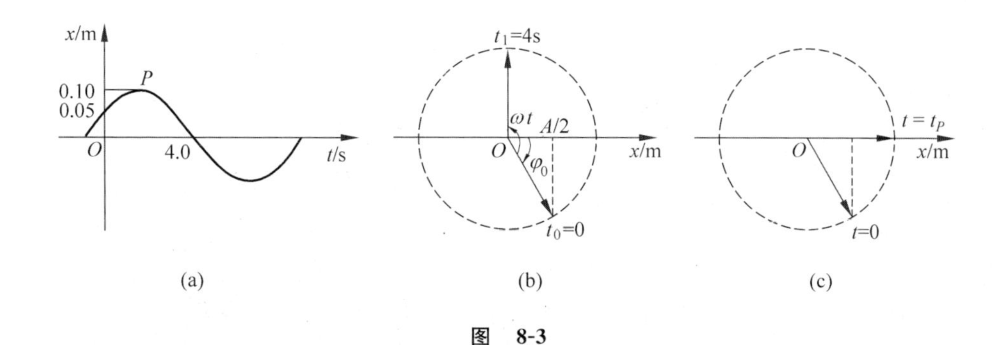

图　8-3

分析：由已知运动方程画振动曲线和由振动曲线求运动方程是振动中常见的两类问题。本题就是要通过 x-t 图线确定振动的三个特征量 A、ω 和 φ_0，从而写出运动方程。曲线最大幅值即为振幅 A；而 ω、φ_0 通常可通过旋转矢量法或解析法解出，一般采用旋转矢量法比较方便。

解答：(1) 质点振动的振幅 $A=0.10\text{m}$，而由振动曲线可画出 $t_0=0$ 和 $t_1=4\text{s}$ 时的旋转矢量，如图 8-3(b)所示。由图可见初相位 $\varphi_0=-\dfrac{\pi}{3}$，而由 $\omega(t_1-t_0)=\dfrac{\pi}{2}+\dfrac{\pi}{3}$，得 $\omega=\dfrac{5\pi}{24}\text{rad/s}$，则运动方程为

$$x=0.10\cos\left(\frac{5\pi}{24}t-\frac{\pi}{3}\right)\text{m}$$

(2) 图 8-3(a)中点 P 的位置是质点从 $x=0.05\left(\text{即 } x=\dfrac{A}{2}\right)$处运动到正向的端点处，对应的旋转矢量图如图 8-3(c)所示。点 P 的相位为 $\varphi_P=0$。

(3) 由旋转矢量图可得 $\omega(t_P-0)=\dfrac{\pi}{3}$，则 $t_P=1.6\text{s}$。

（二）简谐波

1. 平面简谐波方程

设坐标原点 O 点处质点的运动方程为 $y=A\cos(\omega t+\varphi)$，则沿 x 轴正方向传播的平面简谐波的波动方程为

$$y=A\cos\left[\omega\left(t-\frac{x}{u}\right)+\varphi\right]=A\cos\left(\omega t-\frac{2\pi x}{\lambda}+\varphi\right)$$

$$= A\cos\left[2\pi\left(\frac{t}{T} - \frac{x}{\lambda}\right) + \varphi\right] \tag{8-9}$$

式中

$$\begin{cases} 周期\ T = \dfrac{2\pi}{\omega} = 2\pi\nu \\ 波长\ \lambda = uT \\ 波速\ u = \dfrac{\lambda}{T} = \nu\lambda \end{cases} \tag{8-10}$$

若波沿 x 轴负方向传播，式中的 x 用 $-x$ 代替。

对波动方程的各种形式，应从物理意义上去理解和把握。从实质上看，波动是振动的传播；从能量角度看，波动是能量的传播；从波形上看，波动是波形的传播。

2. 波的干涉

相干波的条件：两列波同频率、同振动方向、同相位或相位差恒定。

(1) 合振幅

$$A = \sqrt{A_1^2 + A_2^2 + 2A_1A_2\cos\Delta\varphi} \tag{8-11}$$

(2) 相位差

$$\Delta\varphi = \varphi_2 - \varphi_1 - 2\pi\frac{r_2 - r_1}{\lambda} \tag{8-12}$$

当 $\Delta\varphi = \pm 2k\pi$ 时，干涉加强，$A = A_1 + A_2$；当 $\Delta\varphi = \pm(2k+1)\pi$ 时，干涉减弱，$A = |A_1 - A_2|$，其中，$k = 0, 1, 2, 3, \cdots$。

当 $\varphi_2 = \varphi_1$ 时，上述干涉条件可简化为：当波程差 $\delta = r_2 - r_1 = \pm k\lambda$ 时，干涉加强，$A = A_1 + A_2$；当 $\delta = \pm(2k+1)\dfrac{\lambda}{2}$ 时，干涉减弱，$A = |A_1 - A_2|$，其中，$k = 0, 1, 2, 3, \cdots$。

*3. 驻波　驻波方程

设入射波和反射波的方程分别为

$$y_1 = A\cos 2\pi\left(\nu t - \frac{x}{\lambda}\right),\quad y_2 = A\cos 2\pi\left(\nu t + \frac{x}{\lambda}\right)$$

则驻波方程为

$$y = y_1 + y_2 = 2A\cos\frac{2\pi x}{\lambda}\cos 2\pi\nu t \tag{8-13}$$

波腹、波节的位置分别如下：

波腹

$$x = \pm k\frac{\lambda}{2}, \quad 其中 k = 0,1,2,\cdots \tag{8-14}$$

波节

$$x = \pm(2k+1)\frac{\lambda}{4}, \quad 其中 k = 0,1,2,\cdots \tag{8-15}$$

相邻波腹(波节)的距离：$\frac{\lambda}{2}$。

边界条件：当波从波疏媒质垂直入射到波密媒质而又被反射回波疏媒质时，在反射处形成波节，有半波损失；反之，在反射处形成波腹。

波在固定端反射，则反射处为波节；波在自由端反射，则反射处为波腹。

例 8-3　如图 8-4 所示，一平面简谐波以速度 $u=0.08\text{m/s}$ 向 x 轴正向传播，$t=0$ 时刻的波形如图所示，试求：

(1) 该波的波动方程；

(2) 图中 P 点的运动方程。

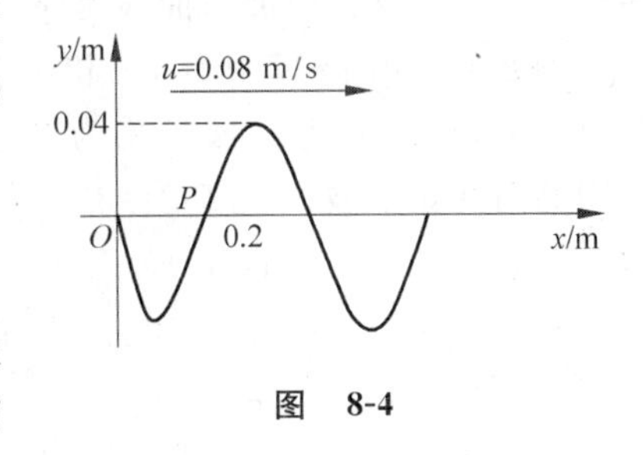

图　8-4

分析：(1) 根据波形图可得到波的波长 λ、振幅 A 和波速 u，因此只要确定了初相 φ，即可写出波动方程。由图可知 $t=0$ 时，$x=0$ 处质点在平衡位置处，且由波的传播方向可判断出该点向 y 轴的正向运动，利用旋转矢量法可知 $\varphi=-\frac{\pi}{2}$。

(2) 波动方程确定后，将质点 P 的坐标 x 代入波动方程即可求出其运动方程。

解答：(1) 由波形图可知，$A=0.04\text{m}$，$\lambda=0.4\text{m}$，

$$\omega = 2\pi\nu = \frac{2\pi u}{\lambda} = \frac{2\pi}{5}(\text{rad/s})$$

波动方程为

$$y = A\cos\left(\omega t - \frac{2\pi x}{\lambda} + \varphi\right) = 0.04\cos\left(\frac{2}{5}\pi t - 5\pi x + \varphi\right)\text{m}$$

φ 的大小可由 $t=0$ 时 O 点的运动状态来确定：$t=0$ 时，O 点的 $x=0$，$y=0$，所以，$\cos\varphi=0$，$\varphi=\pm\frac{\pi}{2}$。根据波的传播方向，将波形向右移动，可知下一时刻O点

将向 y 轴正向移动，$v>0$，由旋转矢量法得 $\varphi=-\frac{\pi}{2}$，波动方程为

$$y=0.04\cos\left(\frac{2}{5}\pi t-5\pi x-\frac{\pi}{2}\right)\mathrm{m}$$

(2) 将 P 点的坐标 $x=0.2\mathrm{m}$ 代入波动方程，得 P 点的振动方程为

$$y=0.04\cos\left(\frac{2}{5}\pi t-\pi-\frac{\pi}{2}\right)=0.04\cos\left(\frac{2}{5}\pi t-\frac{3}{2}\pi\right)$$

$$=0.04\cos\left(\frac{2}{5}\pi t+\frac{\pi}{2}\right)\mathrm{m}$$

注意：波动方程、振动方程和波形方程在形式上有明显区别。波动方程的函数形式为 $y=f(x,t)$；振动方程的函数形式为 $y=f(t)$；而波形方程的函数形式为 $y=f(x)$。反映在曲线表示上，要注意振动曲线和波形曲线的区别。振动曲线是 $y-t$ 曲线，而波形曲线是 $y-x$ 曲线。

例 8-4 如图 8-5 所示，两相干波源分别在 P、Q 两点处，它们发出振幅分别为 A_1、A_2，频率均为 ν、波长均为 λ，初相相同的两列相干波。设 $PQ=3\lambda/2$，R 为 PQ 连线上的一点。求：(1) 自 P、Q 发出的两列波在 R 处的相位差；(2) 两波在 R 处干涉时的合振幅。

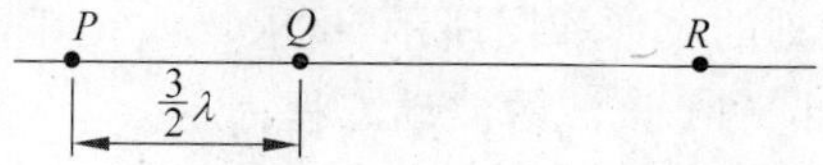

图 8-5

分析：(1) 在均匀介质中，两列波相遇时的相位差 $\Delta\varphi$ 一般由两部分组成，即它们的初相差 $\varphi_P-\varphi_Q$ 和由它们的波程差 $\delta=r_2-r_1$ 而引起的相位差 $\frac{2\pi}{\lambda}\cdot\delta$。因本题 $\varphi_P=\varphi_Q$，故它们的相位差只取决于波程差。

(2) 因 R 处质点同时受两列相干波的作用，故其振动属于同方向、同频率的简谐运动的合成。

解答：(1) 两列波在 R 处相遇时的相位差为

$$\Delta\phi=\frac{2\pi}{\lambda}\cdot\delta=\frac{2\pi}{\lambda}\cdot\frac{3\lambda}{2}=3\pi$$

(2) 由于 $\Delta\varphi=3\pi$，则合振幅为

$$A=\sqrt{A_1^2+A_2^2+2A_1A_2\cos\Delta\varphi}=|A_1-A_2|$$

* **例 8-5** 一弦上的驻波方程为

$$y=3.0\times10^{-2}\cos1.6\pi x\cos550\pi t \quad (\mathrm{SI})$$

(1) 若将此驻波看成是由传播方向相反、振幅及波速均相同的两列相干波

叠加而成的，求它们的振幅及波速；(2) 求相邻两波节之间的距离。

分析：(1) 采用比较法。将本题所给的驻波方程，与驻波方程的一般形式相比较，即可求得振幅、波速等。

(2) 由波节位置的表达式可求出相邻波节之间的距离。

解答：(1) 驻波方程的一般形式为

$$y = 2A\cos\frac{2\pi x}{\lambda}\cos 2\pi\nu t$$

将驻波方程 $y=3.0\times10^{-2}\cos 1.6\pi x\cos 550\pi t$ 与上式相比较，可得两列波的振幅 $A=1.5\times10^{-2}\text{m}$，波长 $\lambda=1.25\text{m}$，频率 $\nu=275\text{Hz}$，则波速

$$u = \lambda\nu = 1.25\times275 \approx 343.8(\text{m/s})$$

(2) 相邻两波节间的距离为

$$\Delta x = x_{k+1} - x_k = [2(k+1)+1]\frac{\lambda}{4} - (2k+1)\cdot\frac{\lambda}{4}$$

$$= \frac{\lambda}{2} = 0.625(\text{m})$$

三、难点分析

1. 相位讨论是研究简谐运动和波动问题的有效工具。本章的难点首先在于相位概念的理解及建立简谐运动方程时初相位的确定。

在简谐运动方程 $x=A\cos(\omega t+\varphi)$ 中，角量 $(\omega t+\varphi)$ 称为相位，由它可确定振动物体任意时刻的位置、速度和加速度，即确定简谐运动物体的运动状态。而 $t=0$ 时的相位则称为初相，它决定了初始时刻物体的运动状态，在建立简谐运动方程时，初相位的确定是很重要的一个环节，解题时既可用解析法，也可用旋转矢量图法，但更为便捷的是用旋转矢量图法。上述两种方法的具体运用可参见例8-1。

2. 计算简谐运动物体从一个状态到另一状态所需的时间是本章的又一难点，解决此类问题最为简便的方法是利用旋转矢量图。一般先确定两个状态对应的旋转矢量位置，写出两位置的相位差 $\Delta\Phi=\Phi_2-\Phi_1$，然后应用 $\Delta\Phi=\omega\cdot\Delta t$ 求出 Δt。

3. 建立波动方程(也称波函数)是本章的另一难点同时也是重点，要正确写出各种情况下的波动方程，关键是要弄清机械波的产生和传播机理。机械波是机械振动在介质中的传播，传播的是振动状态，介质中各点的振动状态是波源振

动的重复，不同的仅仅是相位，沿着波的传播方向，各质点振动相位逐一滞后。建立波动方程时要弄清波源的振动情况，以及振动物理量与波动物理量的区别与联系。

四、练一练

(一) 选择题

1. 一水平放置的弹簧振子，它作简谐运动的固有圆频率为 ω_0，若把它放在固定的光滑斜面上(图 8-6)，则它(　　)。

(A) 能作简谐运动，其圆频率 $\omega>\omega_0$

(B) 能作简谐运动，其圆频率 $\omega=\omega_0$

(C) 能作简谐运动，其圆频率 $\omega<\omega_0$

(D) 不能作简谐运动

2. 一质点作周期为 T 的简谐运动，质点由平衡位置向正方向运动到最大位移一半处所需的最短时间为(　　)。

(A) $\dfrac{T}{2}$　　(B) $\dfrac{T}{4}$　　(C) $\dfrac{T}{8}$　　(D) $\dfrac{T}{12}$

3. 某简谐运动的振动曲线如图 8-7 所示，则振动的初相位为(　　)。

(A) $\dfrac{2\pi}{3}$　　(B) $\dfrac{\pi}{3}$　　(C) $-\dfrac{2\pi}{3}$　　(D) $-\dfrac{\pi}{3}$

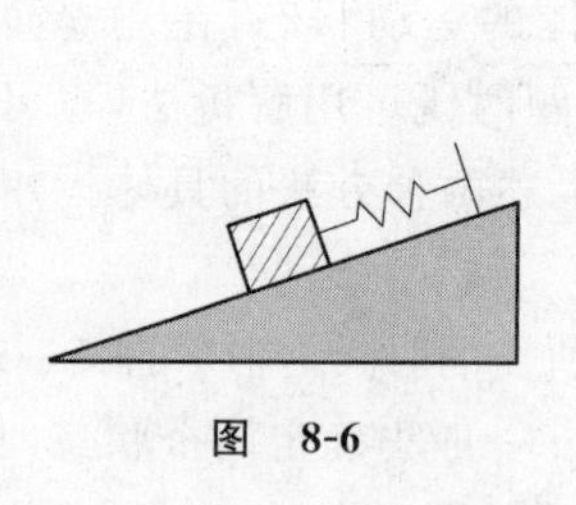

图 8-6

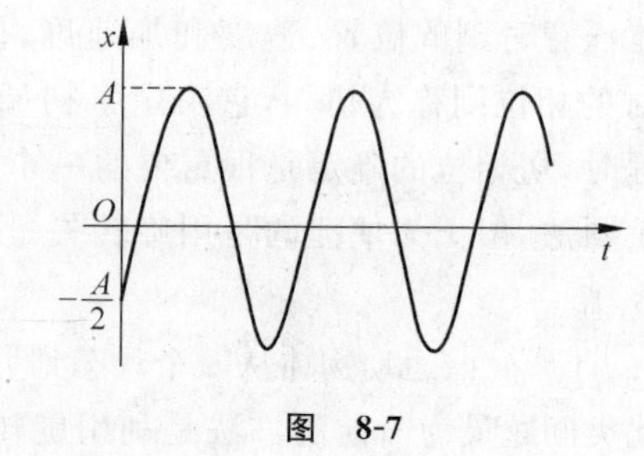

图 8-7

4. 一质点作简谐运动，已知振动周期为 T，则其振动动能变化的周期是(　　)。

(A) $\dfrac{T}{4}$　　(B) $\dfrac{T}{2}$　　(C) T　　(D) $2T$

5. 一弹簧振子作简谐运动，总能量为 E，若振幅增加为原来的 2 倍，振子的质量增加为原来的 4 倍，则它的总能量为(　　)。

(A) $2E$　　(B) $4E$　　(C) E　　(D) $16E$

6. 两个同周期简谐运动曲线如图 8-8 所示，x_1 的相位比 x_2 的相位(　　)。

(A) 落后$\frac{\pi}{2}$　　(B) 超前$\frac{\pi}{2}$　　(C) 落后 π　　(D) 超前 π

7. 在图 8-9 中，所画的是两个简谐运动的运动曲线。若这两个简谐运动可叠加，则合成的余弦振动的初相位为(　　)。

(A) $\frac{\pi}{2}$　　(B) π　　(C) $\frac{3\pi}{2}$　　(D) 0

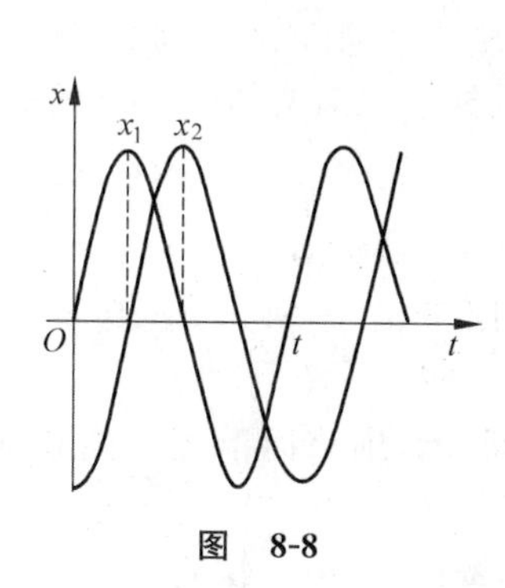

图　8-8

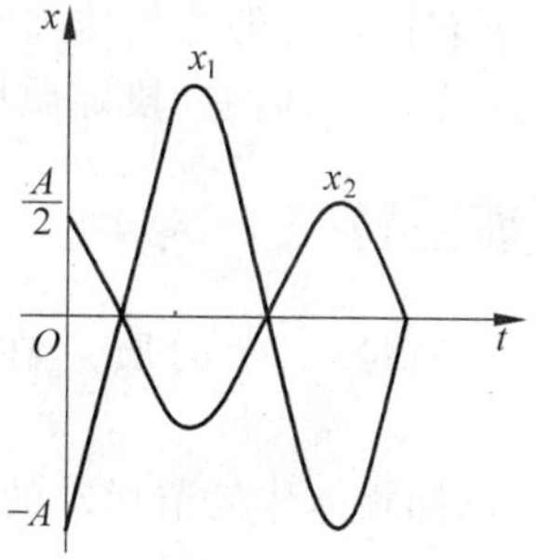

图　8-9

8. 一平面简谐波沿 x 轴的负方向传播，图 8-10 所示为 $t=0$ 时刻的波形，则 O 点处质点振动的初相位为(　　)。

(A) 0　　(B) $\frac{\pi}{2}$

(C) $-\frac{\pi}{2}$　　(D) π

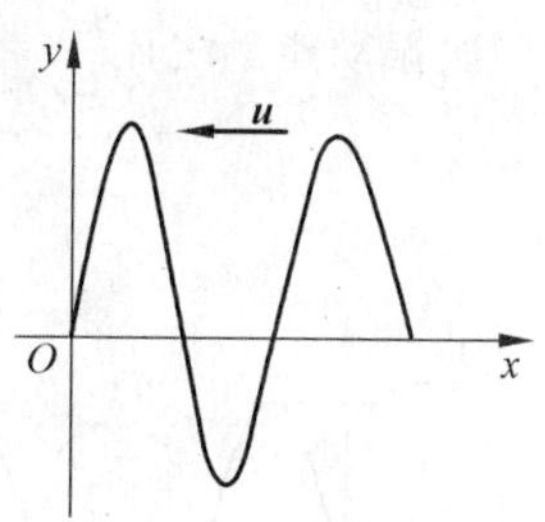

图　8-10

9. 波长为 λ 的平面简谐波，波线上两点振动的相位差为$\frac{\pi}{2}$，则此两点相距(　　)。

(A) $\frac{\lambda}{2}$　　(B) 2λ

(C) λ　　(D) $\frac{\lambda}{4}$

10. 当一平面简谐波通过两种不同的均匀介质时，不会发生变化的物理量有(　　)。

(A) 波长和频率　　(B) 波速和频率

(C) 波长和波速　　(D) 频率和周期

11. 机械波在弹性媒质中传播时,若媒质中某质元刚好经过平衡位置,则它的能量为(　　)。

(A) 动能最大,势能也最大　　(B) 动能最小,势能也最小

(C) 动能最大,势能最小　　(D) 动能最小,势能最大

12. 一平面简谐波在弹性媒质中传播,在媒质质元从平衡位置到最大位置的过程中(　　)。

(A) 动能转换成势能

(B) 势能转换成动能

(C) 它把自己的能量传递给相邻的一段媒质质元,其能量逐渐减少

(D) 它从相邻的一段媒质质元获得能量,其能量逐渐增加

(二)填空题

1. 一质量为 m 的质点在 $F=-\pi^2 x$ 作用下沿 x 轴运动,其运动周期为________。

2. 已知物体作简谐运动的曲线如图 8-11 所示,则该简谐运动的运动方程为________。

3. 劲度系数 $k=100\text{N/m}$,质量为 10g 的弹簧振子,第一次将其拉离平衡位置 4cm 后由静止释放;第二次将其拉离平衡位置 2cm 并给予 2m/s 的初速度。这两次振动能量之比 $\dfrac{E_1}{E_2}=$________。

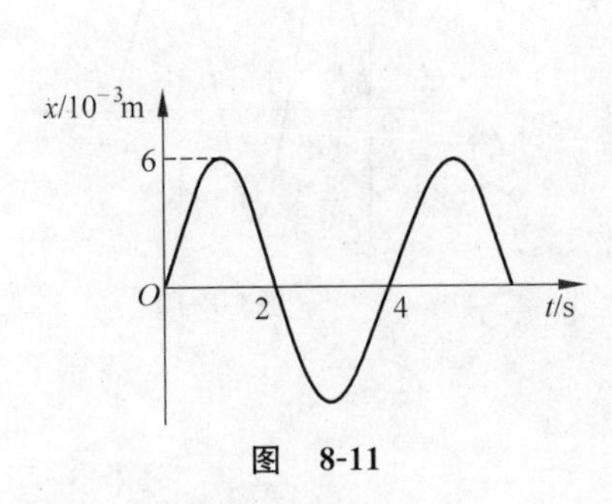

图　8-11

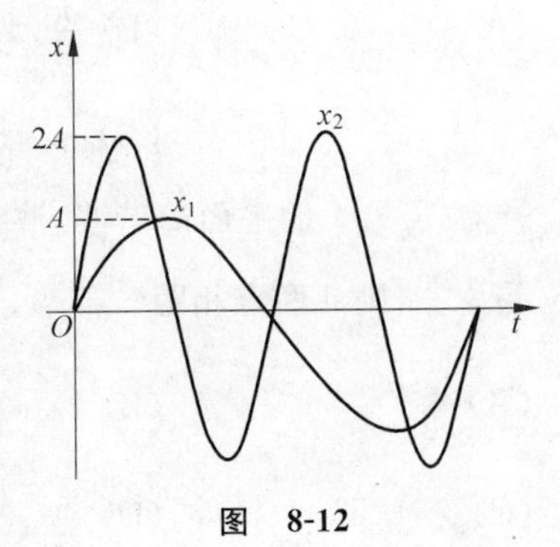

图　8-12

4. 两个质量相等的质点作如图 8-12 所示的简谐运动,则这两个简谐运动的频率之比 $\nu_1:\nu_2=$________,最大加速度之比 $a_{1\text{m}}:a_{2\text{m}}=$________,总能量之

比 $E_1 : E_2 =$ ________。

5. 两个同方向、同频率的简谐运动，其运动方程分别为

$$x_1 = 6\times10^{-2}\cos\left(5t+\frac{\pi}{2}\right),\quad x_2 = 2\times10^{-2}\cos\left(5t-\frac{\pi}{2}\right)\quad (\text{SI})$$

它们的合振动的振幅为________，初相位为________。

6. 已知一平面简谐波的波动方程为 $y=A\cos(mt-nx+\varphi)$，式中 A、m、n、φ 均为常数，则该波的振幅为________，波速为________，波长为________，频率为________。

7. 一平面简谐波沿 x 轴正向传播，已知 $x=0$ 处质点的运动方程为 $y=\cos(\omega t+\varphi)$，波速为 u，坐标为 x_1、x_2 两点的相位差为________。

8. 一平面简谐波沿 x 轴正向传播，波动方程为 $y=0.2\cos\left(\pi t-\frac{\pi}{2}x\right)\text{m}$，则 $x=-3\text{m}$ 处介质质点的振动速度表达式为________。

9. 如图 8-13 所示，一平面简谐波沿 Ox 轴负方向传播，波长为 2m，图中 P 处质点的运动方程为 $y=A\cos\left(2\pi t+\frac{\pi}{2}\right)\text{m}$，则 O 点处质点的运动方程为________，该波的波动方程为________。

10. 如图 8-14 所示，P 点距波源 S_1 和 S_2 的距离分别为 3λ 和 $\frac{10\lambda}{3}$，λ 为两列波在介质中的波长。若 P 点的合振幅总是极大值，则两波源的相位差应满足的条件为________；若 P 点的合振幅总是极小值，则两波源的相位差应满足的条件为________。

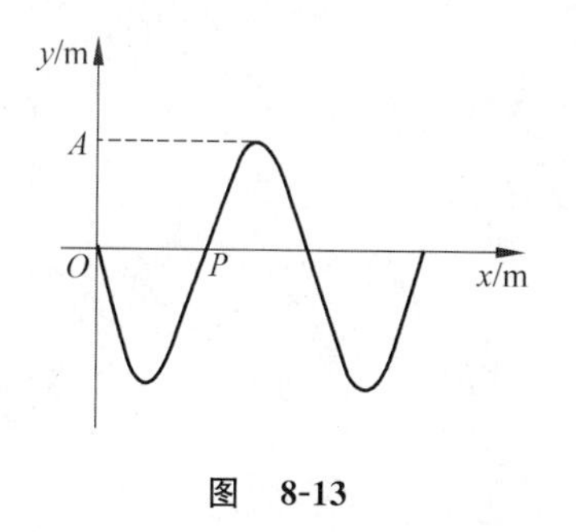

图　8-13

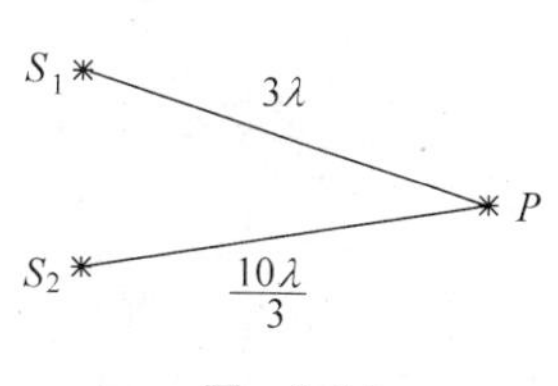

图　8-14

11. 在简谐波的一条传播路径上，相距 0.2m 两点的振动相位差为 $\frac{\pi}{6}$，又知

振动周期为 0.4s,则波长为________,波速为________。

12. 两列波在一根很长的弦线上传播,其方程为

$$y_1 = A\cos\frac{\pi(x-4t)}{2}(\mathrm{m}),\quad y_2 = A\cos\frac{\pi(x+4t)}{2}(\mathrm{m})$$

则合成波的方程为________;在 $x=0$ 至 $x=10\mathrm{m}$ 内波节的位置为________;波腹的位置为________。

第 9 章　光的波动性和量子性

一、基本要求

1. 理解光的相干性及获得相干光的方法。

2. 掌握杨氏双缝干涉条件和条纹分布规律。

3. 掌握光程的概念及光程差与相位差的关系。

4. 掌握半波损失的概念及产生条件。

5. 理解薄膜干涉条件,掌握等厚干涉(劈尖、牛顿环)干涉条件、条纹分布规律及其应用。

6. 了解惠更斯-菲涅耳原理。

7. 掌握夫琅禾费单缝衍射的规律(明、暗条纹的形成条件,宽度及分布情况,缝宽的影响)。

8. 掌握光栅衍射的规律(衍射谱线的形成、位置,光栅常数及波长的影响)。

9. 理解自然光、偏振光、部分偏振光、起偏、检偏等概念。

10. 掌握马吕斯定律。

11. 理解反射和折射时光的偏振现象,掌握布儒斯特定律。

12. 理解光电效应的实验规律,了解经典物理在解释光电效应时所遇到的困难。掌握爱因斯坦光子假说和爱因斯坦方程。

13. 掌握康普顿效应的实验规律及理论解释。

14. 掌握光的波粒二象性。

二、主要内容及例题

(一) 光的干涉

1. 相干光及获得相干光的方法

满足相干条件,即频率相同、振动方向相同,在相遇点上相位差保持恒定的两束光是相干光。

获得相干光的方法有两类：一类是分波阵面法，这类干涉称为双缝干涉；另一类是分振幅法，这类干涉称为薄膜干涉。

2. 干涉明暗条件

(1) 光程、光程差、相位差、相位跃变

介质的折射率 n 和光波经过的几何路程 L 的乘积 nL 叫做光程。两束相干光的光程之差叫做光程差，光程差 Δ 与相位差 $\Delta\varphi$ 的关系是

$$\Delta\varphi = \frac{2\pi}{\lambda}\Delta \tag{9-1}$$

相位跃变是指当光从折射率 n 较小的介质射向折射率 n 较大的介质，在分界面上反射时，反射光波的相位跃变 π，相当于增加或减少了 $\frac{\lambda}{2}$ 的光程，又称为半波损失。

(2) 干涉明暗条纹的条件：

$$\Delta = \begin{cases} \pm k\lambda, & k = 0,1,2,\cdots \text{明纹中心} \\ \pm(2k+1)\dfrac{\lambda}{2}, & k = 0,1,2,\cdots \text{暗纹中心} \end{cases} \tag{9-2}$$

式中正、负号选取及 k 的取值要视具体情况而定。

3. 分波阵面法——双缝干涉

杨氏双缝干涉原理图如图 9-1 所示，相干光源 S_1 和 S_2 所发出的光，到达点 P 的光程差为

$$\Delta = r_2 - r_1 = d\sin\theta \approx d\,\frac{x}{d'}$$

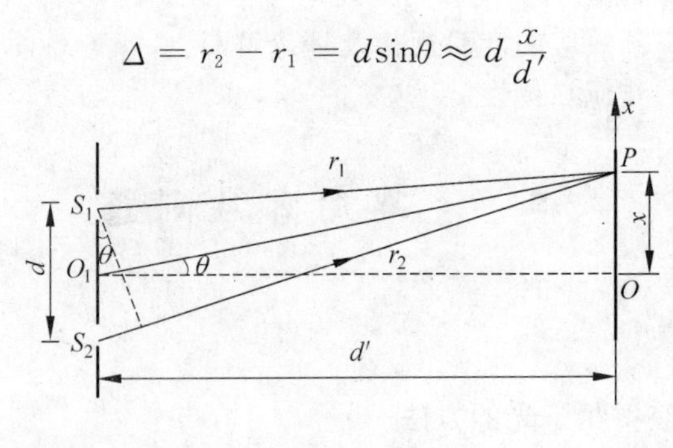

图 9-1

明纹中心位置为

$$x=\pm k\frac{d'}{d}\lambda \tag{9-3}$$

暗纹中心位置为

$$x=\pm(2k+1)\frac{d'}{d}\cdot\frac{\lambda}{2} \tag{9-4}$$

相邻明纹(或暗纹)之间的距离为

$$\Delta x=x_{k+1}-x_k=\frac{d'}{d}\lambda$$

例 9-1　如图 9-2 所示,缝光源 S 发出波长为 λ 的单色光照射在对称的双缝 S_1 和 S_2 上,通过空气后在屏 H 上形成干涉条纹。

(1) 若点 P 处为第 3 级明纹,求光从 S_1 和 S_2 到点 P 的光程差;

(2) 若将整个装置放于某种透明液体中,点 P 处为第 4 级明纹,求该液体的折射率;

(3) 装置仍在空气中,在 S_2 后面放一折射率为 1.5 的透明薄片,点 P 处为第 5 级明纹,求该透明薄片的厚度;

(4) 若将缝 S_2 盖住,在 S_1、S_2 的对称轴上放一反射镜 M(图 9-3)则点 P 处有无干涉条纹?若有,是明的还是暗的?

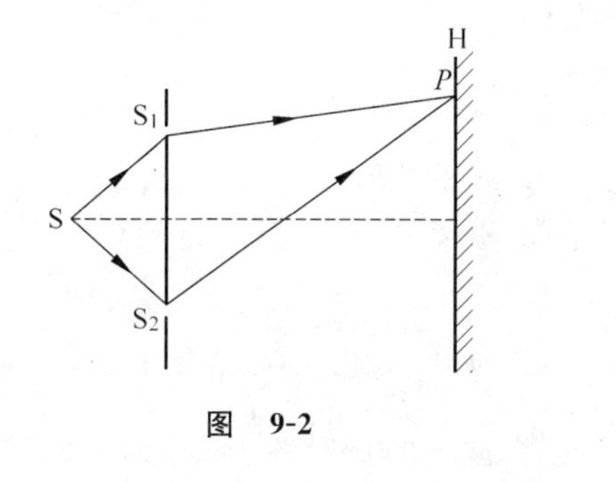

图　9-2

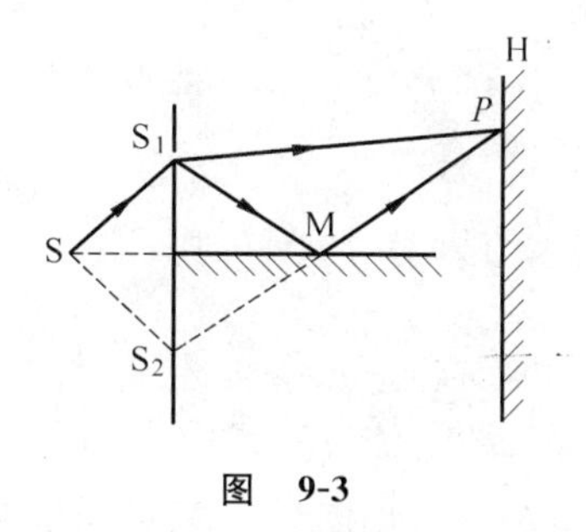

图　9-3

分析:干涉的强弱,即明、暗条纹决定于两相干光的光程差 Δ,计算对应情况下的 Δ,根据干涉明、暗条纹的条件式(9-2)即可解此题。

解答:(1) 光从 S_1 和 S_2 到点 P 的光程差为

$$\Delta_1=3\lambda$$

(2) 此时,光从 S_1 和 S_2 到点 P 的光程差为 $\Delta_2=n\Delta_1=4\lambda$,所以

$$n=\frac{4\lambda}{\Delta_1}=\frac{4}{3}\approx 1.33$$

(3) 设该透明薄片厚度为 d,则此时光从 S_1 和 S_2 到点 P 的光程差为

$$\Delta_3 = \Delta_1 + (n'-1)d = 5\lambda$$

所以

$$d = \frac{2\lambda}{n'-1} = 4\lambda$$

(4) 如图 9-3 所示,从 S_1 经 M 反射至点 P 的光线,与从 S_1 直接到达点 P 的光线相干叠加后,在点 P 处产生干涉条纹。此时,两相干光在点 P 的相位差与(1)中相比相差 π(反射时的相位跃变),所以,此时点 P 处是暗纹。

注意:在讨论干涉强弱(明、暗纹)时,计算光程差要关注相位跃变(半波损失)存在与否。

4. 分振幅法——薄膜干涉

(1) 薄膜干涉

薄膜干涉原理图如图 9-4 所示,明、暗纹条件如下:

$$\Delta = 2d\sqrt{n_2^2 - n_1^2\sin^2 i} + \frac{\lambda}{2} = \begin{cases} k\lambda, & k = 1,2,\cdots \text{ 明纹中心} \\ (2k+1)\dfrac{\lambda}{2}, & k = 0,1,2,\cdots \text{ 暗纹中心} \end{cases} \tag{9-5}$$

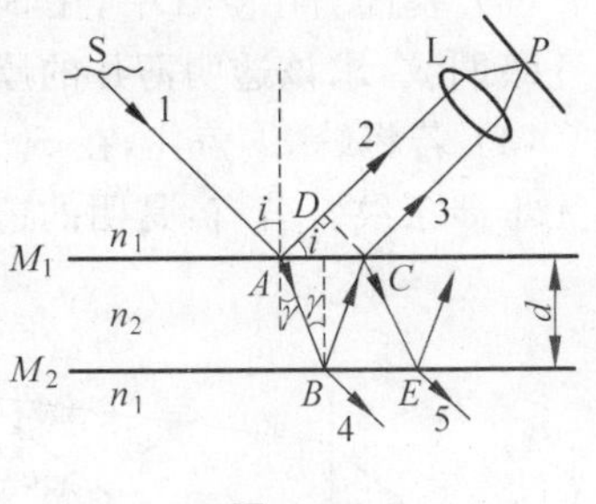

图 9-4

当光垂直入射时,$i=0$,则

$$\Delta = 2n_2 d + \frac{\lambda}{2} = \begin{cases} k\lambda, & k = 1,2,\cdots \text{ 明纹中心} \\ (2k+1)\dfrac{\lambda}{2}, & k = 0,1,2,\cdots \text{ 暗纹中心} \end{cases} \tag{9-6}$$

例 9-2 如图 9-5(a)所示的照相机镜头玻璃的折射率为 1.50,上面镀有折射率为 1.38 的氟化镁(MgF_2)薄膜,以使垂直入射到镜头上的黄绿光(波长约为 550nm,感光器件对此光最敏感)最大限度地进入镜头,此薄膜的厚度至少应为多少?

分析:根据题意,要求该薄膜成为对黄绿光的增透膜,需反射光干涉相消,即薄膜上、下表面的反射光的光程差符合干涉相消条件:

$$\Delta = (2k+1)\frac{\lambda}{2}$$

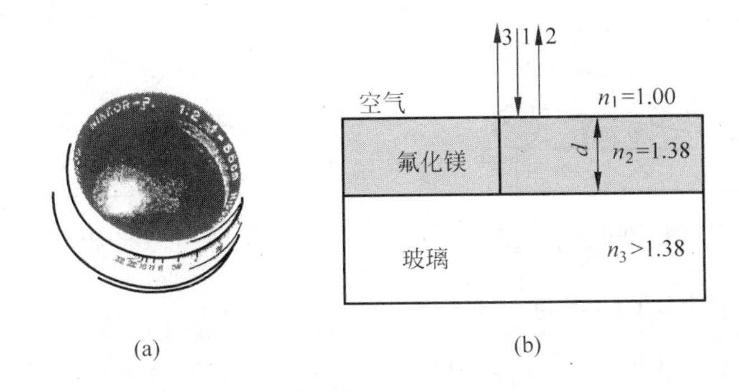

图　9-5

(a) 照相机镜头；(b) 镜头增透膜示意图

解答：如图 9-5(b)所示，因为 $n_1 < n_2 < n_3$，反射光 2 和 3 均有 π 的相位跃变，故无附加光程差。即有

$$\Delta = 2n_2 d = (2k+1)\frac{\lambda}{2},\quad k = 0,1,2,\cdots$$

所以，薄膜的厚度应为

$$d = \frac{(2k+1)\frac{\lambda}{2}}{2n_2},\quad k = 0 \text{ 时 } d \text{ 最小}$$

$$d_{\min} = \frac{\lambda}{4n_2} = \frac{500}{4\times 1.38} = 99.6(\text{nm})$$

拓展：在实际中，这样的薄膜厚度大小，镀膜时难以操作且不牢固，那该怎么办呢？

(2) 等厚干涉

① 劈尖

劈尖干涉原理图如图 9-6 所示，明、暗纹条件如下：

$$\Delta = 2n_2 d + \frac{\lambda}{2} = \begin{cases} k\lambda, & k = 1,2,\cdots \text{ 明纹} \\ (2k+1)\frac{\lambda}{2}, & k = 0,1,2,\cdots \text{ 暗纹} \end{cases} \tag{9-7}$$

干涉条纹为平行于棱边的等间距直条纹，如图 9-7 所示。

相邻明纹(或暗纹)处劈尖的厚度差为

$$\Delta d = \frac{\lambda}{2n_2} \tag{9-8}$$

图 9-6　　　　图 9-7

相邻明纹(或暗纹)的距离为

$$b=\frac{\lambda}{2n_2\sin\theta} \tag{9-9}$$

例 9-3　检验滚珠大小的干涉装置示意图如图 9-8(a)所示。其中 S 为光源，L 为会聚透镜，M 为半透半反镜。在平晶 T_1、T_2 之间放置 A、B、C 三个滚珠，其中 A 为标准件，直径为 d_0。用波长为 λ 的单色光垂直照射平晶，在 M 上方观察时观察到等厚条纹，如图 9-8(b)所示，轻压 C 端，条纹间距变大。求 B 珠的直径 d_1 和 C 珠的直径 d_2。

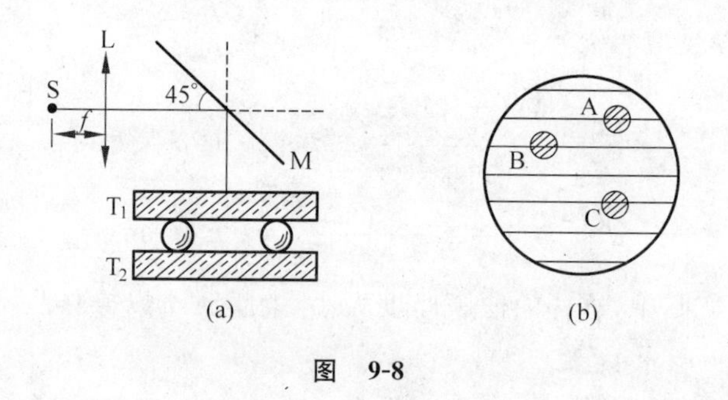

图 9-8

分析：A、B、C 三个滚珠直径不同，故在平晶 T_1、T_2 之间形成空气劈尖。这是等厚干涉问题，可用劈尖干涉的规律即式(9-8)和式(9-9)来解。

解答：等厚干涉两相邻明纹(或暗纹)处的劈尖厚度差为

$$\Delta d=\frac{1}{2}\lambda$$

由图 9-8(b)可知，B 珠的直径与 A 珠相差$\frac{1}{2}\lambda$，C 珠的直径与 A 珠相差$\frac{3}{2}\lambda$。

条纹间距为 $b=\frac{\lambda}{2\sin\theta}$，角 θ 减小时 b 增大。所以轻压 C 端，角 θ 减小，条纹间距变小。显然，C 珠直径最大，B 珠直径其次，A 珠直径最小，即

$$d_2 > d_1 > d_0$$

所以

$$d_1 = d_0 + \frac{1}{2}\lambda$$

$$d_2 = d_0 + \frac{3}{2}\lambda$$

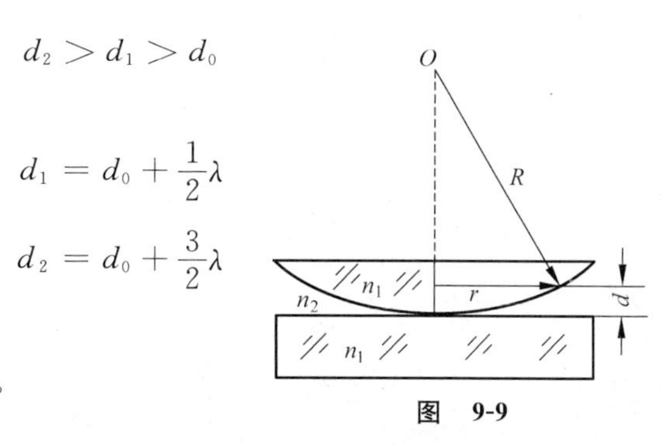

图　9-9

② 牛顿环

牛顿环装置如图9-9所示。

明、暗纹条件：

$$\Delta = 2n_2 d + \frac{\lambda}{2} = \begin{cases} k\lambda, & k = 1,2,\cdots \text{明纹} \\ (2k+1)\dfrac{\lambda}{2}, & k = 0,1,2,\cdots \text{暗纹} \end{cases} \tag{9-10}$$

干涉条纹是以接触点为中心的明暗相间的同心圆——牛顿环。

明环半径为

$$r = \sqrt{\left(k - \frac{1}{2}\right)\frac{R\lambda}{n_2}}, \quad k = 1,2,3,\cdots \tag{9-11a}$$

暗环半径为

$$r = \sqrt{\frac{kR\lambda}{n_2}}, \quad k = 0,1,2,\cdots \tag{9-11b}$$

例 9-4　利用牛顿环的条纹可以测定平凹透镜的凹球面的曲率半径。方法是：将已知半径的平凸透镜的凸球面放置在待测的凹球面上，在两球面间形成空气薄层。如图9-10所示，用波长为λ的平行单色光垂直照射，观察反射光形成的干涉条纹。若中心O点处刚好接触，凹球面半径为R_2、凸球面半径为$R_1(R_1<R_2)$，试求第k级暗环的半径r_k与R_1、R_2和λ的关系式。

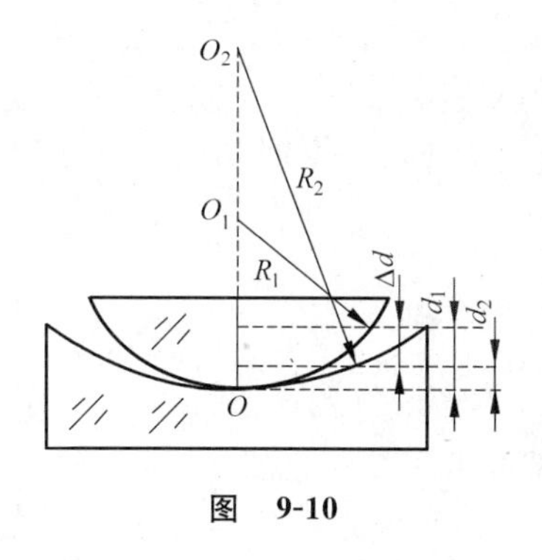

图　9-10

分析：两束相干光来自于两球面间的空气薄层上、下表面的反射，由两个直角三角形可得到图中的d_1和d_2，两者之差即为入射点的空气层厚度，由此可算出光程差，再根据暗环条件即得所求关系式。

解答：如图9-10所示，设第k级暗环处空气膜厚度为Δd，

$$\Delta d = d_1 - d_2$$

根据几何关系，有

$$d_1 = \frac{r_k^2}{2R_1}, \quad d_2 = \frac{r_k^2}{2R_2},$$

因为

$$\Delta = 2\Delta d + \frac{\lambda}{2} = \frac{1}{2}(2k+1)\lambda, \quad k = 0,1,2$$

即

$$2\Delta d = k\lambda, \quad 2\,\frac{r_k^2}{2}\left(\frac{1}{R_1} - \frac{1}{R_2}\right) = k\lambda$$

所以

$$r_k^2 = \frac{R_1 R_2 k\lambda}{R_2 - R_1}, \quad k = 0,1,2,\cdots$$

若 R_1 已知，测出 r_k，即可由此式得到凹球面半径 R_2。

注意：式(9-11a)和式(9-11b)并非适用于所有情况的牛顿环。不同情况下应具体分析光程差，再根据明、暗条件求解。

拓展：若将图 9-9 中的平凸透镜改为平凹透镜且凹面朝下，该如何分析？

处理光的干涉问题，首先需确定发生干涉的两束相干光，分析、计算其光程差，再列出干涉明暗的具体条件，进而讨论干涉条纹及其分布规律。在此过程中，需特别注意分析有无半波损失。

（二）光的衍射

1. 惠更斯-菲涅耳原理

从同一波阵面上各点发出的子波是相干的，经传播而在空间某点相遇时，各子波相干叠加。各子波的干涉形成衍射明暗条纹。

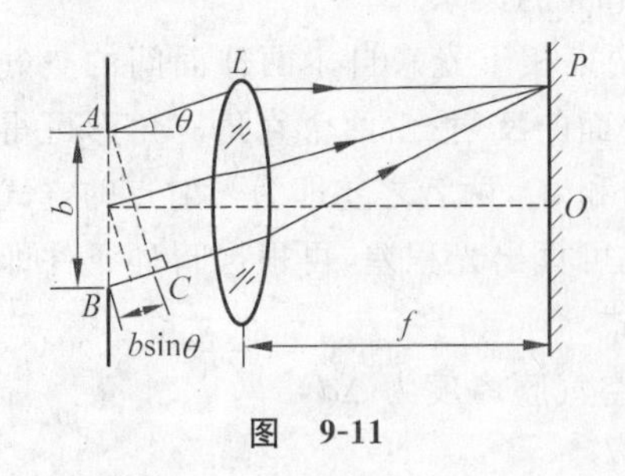

图 9-11

2. 夫琅禾费单缝衍射

夫琅禾费单缝衍射装置如图 9-11 所示。

(1) 菲涅耳波带法

单缝 AB 上各点发出的子波在衍射角为 θ 方向的最大光程差 $BC = b\sin\theta$。把 BC 分成间隔为半波长 $\frac{\lambda}{2}$ 的 N 个相等部分，

作 $N-1$ 个平行于 BC 的平面，这些平面将把单缝上的波阵面 AB 切割成 N 个半波带。当 N 为偶数时，所有波带将成对地相互抵消，使点 P 出现暗纹；当 N 为奇数时，成对的波带抵消后还留下一个波带，使点 P 出现明纹。若 N 不是整数，点 P 处光强介于最明和最暗之间。

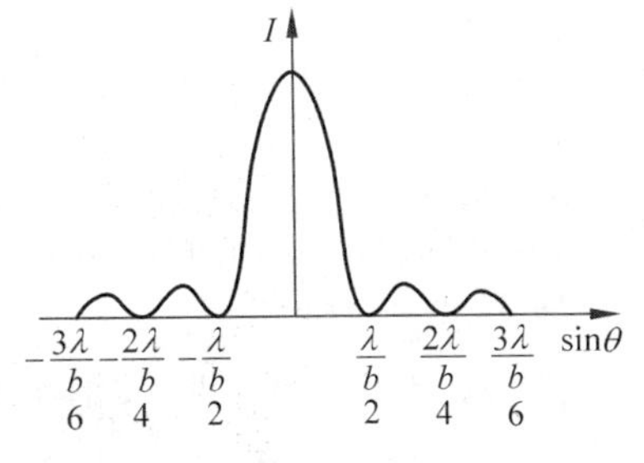

图　9-12

(2) 衍射明、暗条纹

单缝衍射条纹光强分布如图 9-12 所示。

$$b\sin\theta=\begin{cases}\pm 2k\dfrac{\lambda}{2}=\pm k\lambda, & \text{暗纹中心}\\ \pm(2k+1)\dfrac{\lambda}{2}, & \text{明纹中心}\end{cases},\quad k=1,2,\cdots \tag{9-12}$$

中央明纹 $-\lambda<b\sin\theta<\lambda$，其中心 $\theta=0$。

中央明纹宽度为

$$\Delta x_0=\frac{2\lambda f}{b} \tag{9-13}$$

其他明纹宽度为

$$\Delta x=\frac{\lambda f}{b} \tag{9-14}$$

例 9-5　平行单色光垂直照射到缝宽为 0.5mm 的单缝上，缝后有一个焦距为 100cm 的凸透镜，在透镜焦平面上的屏上形成衍射条纹，若距离透镜焦点为 1.5mm 的点 P 处为第一级明纹，试求：

(1) 入射光的波长；

(2) 点 P 处条纹对应的狭缝可分成的波带数；

(3) 中央明纹宽度。

分析：这是夫琅禾费单缝衍射，运用明纹条件，由已知条件即可求得光波长；根据菲涅耳波带法原理即可知对应的波带数；代入公式(9-13)即可得中央明纹宽度。

解答：(1) 明纹条件

$$b\sin\theta=(2k+1)\frac{\lambda}{2}$$

其位置

$$x = f\tan\theta \approx f\sin\theta = (2k+1)\frac{f\lambda}{2b}$$

则

$$\lambda = \frac{2bx}{(2k+1)f}$$

将 $k=1, b=0.5\text{mm}, x=1.5\text{mm}, f=100\text{cm}$ 代入上式，得入射光的波长

$$\lambda = 500\text{nm}$$

(2) 点 P 处为级次 $k=1$ 的明条纹，对应的波带数为

$$N = 2k+1 = 3$$

(3) 中央明纹宽度为

$$\Delta x_0 = \frac{2\lambda f}{b} = \frac{2\times 500\times 10^{-9}\times 1}{0.5\times 10^{-3}} = 0.002(\text{m}) = 2.0(\text{mm})$$

注意：透镜焦点即为图 9-11 中的点 O，故题中所说离开透镜焦点的距离即为 x。

拓展：若已知入射光为单色可见光(波长 400～760nm)，而未知 P 处明纹的级次，如何解此题?

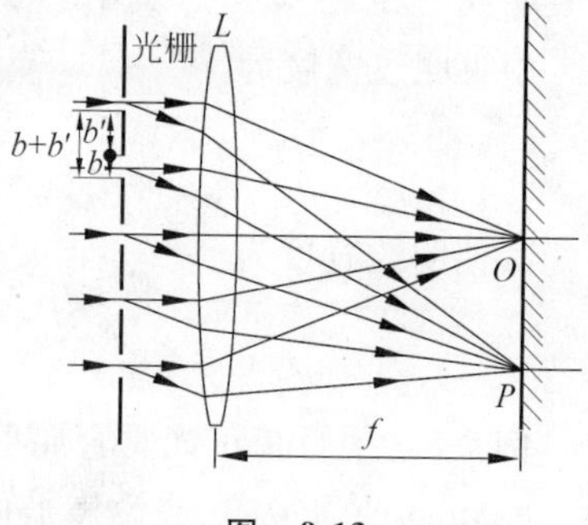

图 9-13

3. 衍射光栅

光栅衍射装置如图 9-13 所示。

(1) 光栅衍射图样

光栅衍射图样是单缝衍射与多缝干涉的综合结果，其特点是明纹锐细、明亮，相邻明纹间有很宽的暗区。

(2) 光栅方程

P 处为明纹的条件，即光栅方程为

$$(b+b')\sin\theta = \pm k\lambda,\quad k = 0,1,2,\cdots \tag{9-15}$$

(3) 发生缺级的条件为

$$k = \frac{b+b'}{b}k',\quad k' = 1,2,\cdots \tag{9-16}$$

例 9-6 波长为 500nm 的单色光，垂直入射到一个平面光栅上。如果要求第 1 级明纹的衍射角为 30°，光栅每毫米应刻几条线？若换用另一单色光源，测得其第 2 级明纹的衍射角为 60°，求这个光源发光的波长。

分析：平面衍射光栅由许多条平行等距离的相同透光狭缝组成，相邻狭缝(或刻线)的间距为光栅常数$(b+b')$，因此，求出光栅常数即可得每毫米的刻线数，而光栅常数可根据光栅方程求得。换用光源后，根据已求得的光栅常数，运用光栅方程即可求得入射光波长。

解答：根据光栅方程

$$(b+b')\sin\theta = k\lambda$$

得

$$b+b' = \frac{k\lambda}{\sin\theta} = \frac{1\times 500}{\sin 30^\circ} = 1\times 10^{-3}(\text{mm})$$

所以，每毫米的刻线数为

$$N' = \frac{1}{b+b'} = 1000(\text{条})$$

换用光源后，$k=2$，$\theta=60^\circ$，代入光栅方程，得入射光波长为

$$\lambda' = \frac{(b+b')\sin\theta}{k} = \frac{1\times 10^{-3}\times 10^{6}\times \frac{\sqrt{3}}{2}}{2} = 433(\text{nm})$$

拓展：若以白光(400～760nm)垂直照射在该光栅上，求第2级光谱的张角。

(三) 光的偏振

1. 光的偏振性

(1) 自然光、偏振光和部分偏振光

(2) 起偏(器)和检偏(器)

(3) 马吕斯定律

强度为I_0的偏振光，其振动方向与检偏器偏振化方向的夹角为α，则通过检偏器后的强度为

$$I = I_0\cos^2\alpha \tag{9-17}$$

2. 光在反射和折射时的偏振现象

(1) 现象

反射光是垂直入射面的振动较强的部分偏振光，折射光是平行入射面的振动较强的部分偏振光。

(2) 布儒斯特定律

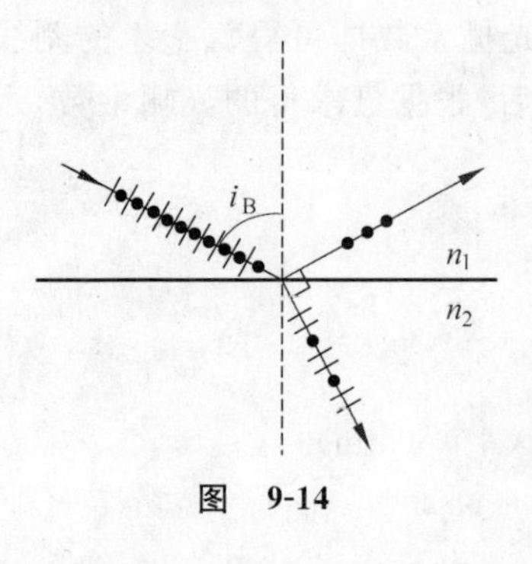

图 9-14

如图 9-14 所示，自然光入射到折射率分别为 n_1 和 n_2 的两种介质的分界面上时，反射光为偏振光的条件是

$$\tan i_B = \frac{n_2}{n_1} \tag{9-18}$$

式中入射角 i_B 称为起偏角或布儒斯特角。

例 9-7 一束光强为 I_0 的自然光垂直穿过两个偏振片，两偏振片的偏振化方向成 45°角，若不考虑偏振片的反射和吸收，求穿过两个偏振片后的光强 I。

分析：自然光穿过偏振片后，成为偏振光，强度减半。再通过偏振片，出射光强可由马吕斯定律求得。

解答：光强为 I_0 的自然光穿过一个偏振片后光强为

$$I' = \frac{1}{2}I_0$$

其振动方向为该偏振片的偏振化方向，即与第二个偏振片的偏振化方向成 $\alpha = 45°$ 角，于是，最后出射光强为

$$I = I'\cos^2\alpha = \frac{1}{4}I_0$$

拓展：要使某一偏振光的振动方向转过 90°，需要几个偏振片？最后出射光强与原光强的比值是多少？

例 9-8 如图 9-15 所示的三种透明介质Ⅰ、Ⅱ、Ⅲ，其折射率分别为 $n_1 = 1.00$，$n_2 = 1.43$ 和 n_3，Ⅰ和Ⅱ、Ⅱ和Ⅲ的界面相互平行，一束自然光由介质Ⅰ中入射。若在两个交界面上的反射光都是线偏振光，试求：

(1) 入射角 i；

(2) 折射率 n_3。

分析：这是光在介质交界面上反射和折射时的偏振问题，可由布儒斯特定律求解。

解答：(1) 根据布儒斯特定律，有

$$\tan i = \frac{n_2}{n_1} = 1.43$$

所以，$i = 55.03°$。

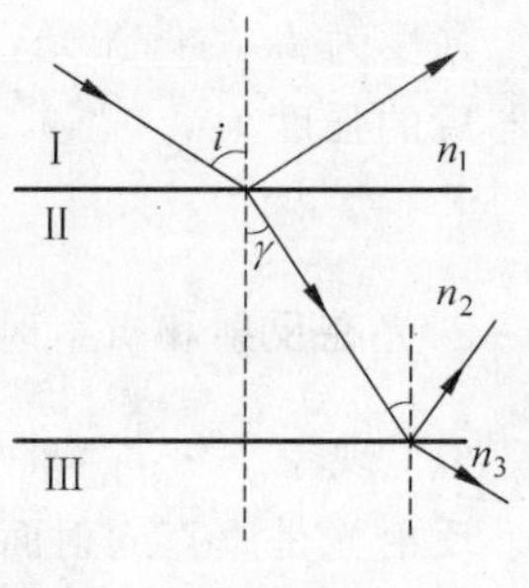

图 9-15

(2) 设在介质Ⅱ中的折射角为 γ,则 $\gamma=\frac{\pi}{2}-i$。介质Ⅱ、Ⅲ界面上的入射角等于 γ,由布儒斯特定律,有

$$\tan\gamma=\frac{n_3}{n_2}$$

得

$$n_3=n_2\tan\gamma=n_2\cot i=n_2\frac{n_1}{n_2}=n_1=1.00$$

(四) 光电效应

1. 现象

当光照射到某些金属表面时,会有电子从表面逸出,这种现象称为光电效应。

2. 爱因斯坦光子理论

光束可以看成是由微粒构成的粒子流,这些粒子称为光子。光子的能量为

$$\varepsilon=h\nu \tag{9-19}$$

3. 爱因斯坦光电效应方程

$$h\nu=\frac{1}{2}mv^2+W \tag{9-20}$$

式中,$\frac{1}{2}mv^2$ 为光电子的初动能;W 为金属的逸出功。若以 ν_0 表示红限频率,则 $W=h\nu_0$;若以 U_0 表示反向遏止电压,则 $eU_0=\frac{1}{2}mv^2$。因此光电效应方程可变为

$$eU_0=h\nu-h\nu_0 \tag{9-21}$$

例 9-9　如图 9-16 所示,金属 M 的红限波长 $\lambda_0=260\text{nm}$,今用单色紫外线照射该金属,逸出速度最大的光电子可以匀速直线地穿过互相垂直的均匀电场($E=5\times10^3\text{ V/m}$)和均匀磁场($B=0.005\text{T}$)区域. 试求:

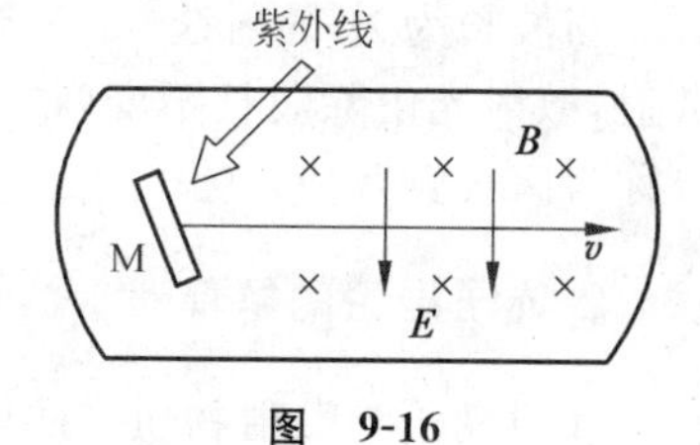

图　9-16

(1) 光电子的最大速度 v；

(2) 单色紫外线波长 λ(已知电子质量 $m=9.11\times10^{-31}\,\text{kg}$)。

分析：由题意，光电子作匀速直线运动，可知光电子所受电场力与洛伦兹力等值反向(重力不计)，由此可求得其速度大小，再由爱因斯坦光电效应方程，即可求出入射光波长。

解答：(1) 光电子所受电场力等于洛伦兹力

$$F_e = F_m$$

即

$$eE = evB$$

得

$$v=\frac{E}{B}=\frac{5\times10^3}{0.005}=1\times10^6\,(\text{m/s})$$

(2) 由光电效应方程

$$h\nu=\frac{1}{2}mv^2+W$$

设入射光波长为 λ，则

$$\nu=\frac{c}{\lambda}$$

而

$$W=hc/\lambda_0$$

得

$$\lambda=\frac{hc}{\frac{1}{2}mv^2+\frac{hc}{\lambda_0}}=163(\text{nm})$$

注意：各式中，各量的单位均须统一用国际单位。

(五) 康普顿效应

1. 现象

当波长为 λ_0 的射线(如 X 射线)投射到石墨等物质上，将发生向各个方向的散射，散射光中除波长不变(λ_0)的射线外，还有波长变长($\lambda>\lambda_0$)的射线，这种现象称为康普顿效应。

2. 光子理论的解释

入射光子与散射物质中的电子的弹性碰撞。此过程遵守能量守恒定律和动量守恒定律。由此得，波长的改变量 $\Delta\lambda=\lambda-\lambda_0$ 与散射角 φ 的关系为

$$\Delta\lambda = 2\lambda_C\sin^2\frac{\varphi}{2} \tag{9-22}$$

式中 $\lambda_C=\frac{h}{m_e c}=0.0024\text{nm}$，称为康普顿波长。

例 9-10　已知 X 射线光子的能量为 0.60MeV，若在康普顿散射中散射光子的波长变化了 20%，求反冲电子获得的能量。

分析　根据能量守恒定律可知，反冲电子获得的能量即为光子损失的能量。

解答：设反冲电子获得的能量为 ΔE，由能量守恒定律知

$$h\nu_0 = h\nu + \Delta E$$

所以

$$\Delta E = h\nu_0 - h\nu = \frac{hc}{\lambda_0} - \frac{hc}{\lambda}$$

其中

$$\lambda = (1+20\%)\lambda_0 = 1.2\lambda_0$$

所以

$$\Delta E = \frac{hc}{\lambda_0}\left(1-\frac{1}{1.2}\right) = 0.6\times\frac{1}{6} = 0.1(\text{MeV})$$

注意：波长增大 20%，并非频率减小 20%。

拓展：反冲电子的动能为多少？

（六）光的波粒二象性

光既有波动性又有粒子性。描述粒子性的能量和动量与描述波动性的频率和波长由普朗克常量 h 联系起来：

$$\varepsilon = h\nu,\quad p = \frac{h}{\lambda} \tag{9-23}$$

例 9-11　He-Ne 激光器输出波长为 632.8 nm，其光子能量和动量分别是多少？

分析：由光的波粒二象性，根据式(9-23)，即可求解。

解答：光子能量为

$$\varepsilon = h\nu = h\frac{c}{\lambda} = 6.63\times10^{-34}\times\frac{3\times10^8}{632.8\times10^{-9}} = 3.14\times10^{-19}(\text{J})$$

光子动量为

$$p = \frac{h}{\lambda} = \frac{6.63\times10^{-34}}{632.8\times10^{-9}} = 1.05\times10^{-27}(\text{kg}\cdot\text{m/s})$$

拓展：若此激光器的功率为1W，则其每秒钟输出多少个光子？

三、难点分析

本章的难点有两个：

一是光程概念的理解和光程差的计算。这也是本章的重要基础，光的干涉和衍射问题的分析和讨论都涉及光程和光程差的计算。解决这一问题的关键是弄清引入光程和光程差概念的目的。光的干涉和衍射本质上都是光波的相干叠加，相干叠加的强弱取决于相位差，而光在介质中通过路程 L 时，所引起的相位变化相当于光在真空中通过路程 nL 所产生的相位变化，nL 就是光程，光程差即两束光到达相遇点的光程之差。相位差决定于光程差，$\Delta\varphi=\frac{2\pi}{\lambda}\Delta$。所以，引入光程和光程差是为了讨论相干强弱条件，进而分析干涉和衍射图样。计算光程差要在确定参与相干叠加的光线的基础上，由几何关系计算光线通过各不同折射率区域的路径长度，乘以各对应区域的折射率，其总和即为该光线的光程，从而可写出两光线的光程差的表达式。计算光程差时特别要注意的是要分析有无相位跃变（半波损失）存在。

二是夫琅禾费单缝衍射条纹明暗条件的得出，并由于其形式上与杨氏干涉条件正好相反而易于混淆。解决这一问题的关键在于正确理解菲涅耳波带法，把握得出明暗条件的过程的三个层次。即第一，半波带的划分方法；从而可知第二，半波带的特点：相邻两个半波带上对应点发出的子波在屏上相遇处相位相反，故相邻两半波带的各子波在屏上相遇处两两相消；由此得到第三，屏上对应点的明、暗取决于半波带数目的奇、偶。对于所得结论，即明、暗条件，不能光看形式，而应理解它的物理实质。

四、练一练

（一）选择题

1. 在双缝干涉实验中，入射光的波长为 λ，用玻璃纸遮住双缝中的一个缝，若玻璃纸中光程比相同厚度的空气的光程大 2.5λ，则屏上原来的明纹处（　　）。

(A) 仍为明纹　　　　　　　　(B) 变为暗纹

(C) 既非明纹也非暗纹　　　　　　　　(D) 无法确定

2. 如图 9-17 所示,用波长 $\lambda=600\text{nm}$ 的单色光做杨氏双缝实验,在光屏 P 处产生第 5 级明纹,现将折射率 $n=1.5$ 的薄透明玻璃片盖在其中一条缝上,此时 P 处变成中央明纹的位置,则此玻璃片的厚度为(　　)。

(A) $5.0\times10^{-4}\text{cm}$　　　　　　　(B) $6.0\times10^{-4}\text{cm}$

(C) $7.0\times10^{-4}\text{cm}$　　　　　　　(D) $8.0\times10^{-4}\text{cm}$

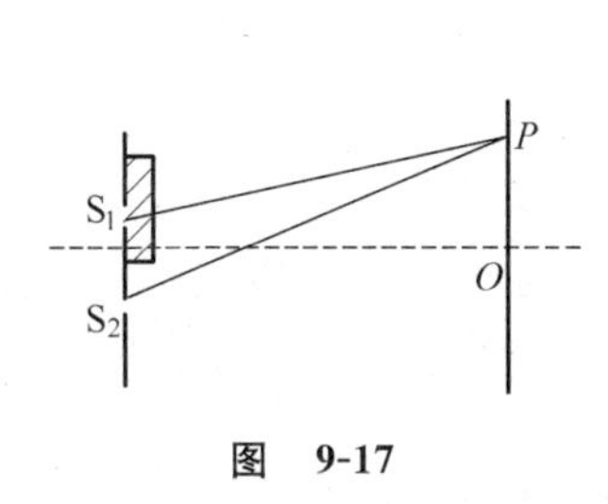

图　9-17

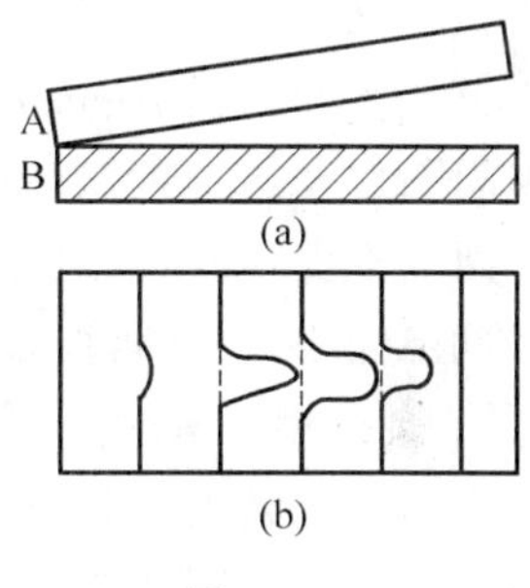

图　9-18

3. 如图 9-18(a)所示,一光学平板玻璃 A 与待测工件 B 之间形成空气劈尖,用波长 $\lambda=500\text{nm}$ 的单色光垂直照射,看到的反射光的干涉条纹如图 9-18(b)所示。有些条纹弯曲部分的顶点恰好与其右边条纹的直线部分的切线相切。则工件的上表面缺陷是(　　)。

(A) 不平处为凸起纹,最大高度为 500nm

(B) 不平处为凸起纹,最大高度为 250nm

(C) 不平处为凹槽,最大深度为 500nm

(D) 不平处为凹槽,最大深度为 250nm

4. 在双缝干涉实验中,若单色光源 S 到两狭缝 S_1、S_2 的距离相等,则观察屏上中央明纹中心位于图 9-19 中 O 处,现将光源 S 向下移动到示意图中的S'位置,则(　　)。

(A) 中央明纹向下移动,且条纹间距不变

(B) 中央明纹向上移动,且条纹间距增大

(C) 中央明纹向下移动,且条纹间距增大

(D) 中央明纹向上移动,且条纹间距不变

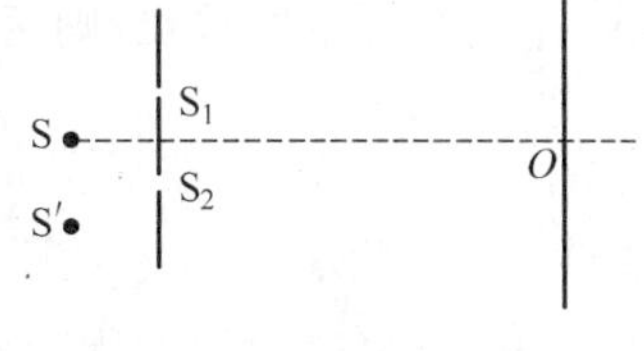

图　9-19

5. 两块平板玻璃构成空气劈尖。左边为棱边,用单色平行光垂直入射。若上面的平板玻璃慢慢地向上平移,则干涉条纹(　　)。

(A) 向棱边方向平移,条纹间隔变小

(B) 向棱边方向平移,条纹间隔变大

(C) 向棱边方向平移,条纹间隔不变

(D) 向远离棱边的方向平移,条纹间隔不变

(E) 向远离棱边的方向平移,条纹间隔变小

6. 两块平板玻璃构成空气劈尖,左边为棱边,用单色平行光垂直入射。若上面的平板玻璃以棱边为轴,沿逆时针方向作微小转动,则干涉条纹(　　)。

(A) 间隔变小,并向棱边方向平移

(B) 间隔变大,并向远离棱边方向平移

(C) 间隔不变,并向棱边方向平移

(D) 间隔变小,并向远离棱边方向平移

7. 两个直径相差甚微的圆柱体夹在两块平板玻璃之间构成空气劈尖,如图 9-20 所示,单色光垂直照射,可看到等厚干涉条纹。如果将两个圆柱体之间的距离 L 拉大,则 L 范围内的干涉条纹(　　)。

(A) 数目增加,间距不变　　(B) 数目增加,间距变小

(C) 数目不变,间距变大　　(D) 数目减小,间距变大

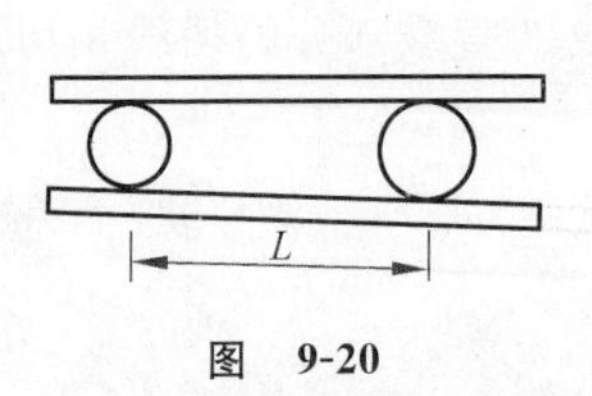

图　9-20

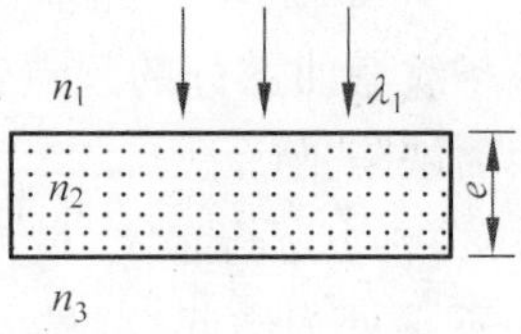

n_1　λ_1　n_2　e　n_3

图　9-21

8. 如图 9-21 所示,平行单色光垂直照射到薄膜上,经上下两个表面反射的两束光发生干涉。若薄膜的厚度为 e,并且 $n_1 < n_2$,$n_2 > n_3$,λ_1 为入射光在折射率为 n_1 的媒质中的波长,则两束反射光在相遇点的相位差为(　　)。

(A) $\dfrac{2\pi n_2 e}{n_1 \lambda_1}$　　(B) $\dfrac{4\pi n_1 e}{n_2 \lambda_1}+\pi$　　(C) $\dfrac{4\pi n_2 e}{n_1 \lambda_1}+\pi$　　(D) $\dfrac{4\pi n_2 e}{n_1 \lambda_1}$

9. 折射率为 1.30 的油膜覆盖在折射率为 1.50 的玻璃片上。用白光垂直照射油膜,观察到透射光中绿光($\lambda=500\text{nm}$)加强,则油膜的最小厚度是(　　)。

(A) 83.3nm　　(B) 250nm　　(C) 192.3nm　　(D) 96.2nm

10. 根据惠更斯-菲涅耳原理,若已知光在某时刻的波阵面为 S,则 S 的前方某点 P 的光强度决定于波阵面 S 上所有面积元发出的子波各自传到 P 点

的(　　)。

(A) 振动振幅之和　　(B) 光强之和

(C) 振动振幅之和的平方　　(D) 振动的相干叠加

11. 在单缝衍射实验中，缝宽 $b=0.2\text{mm}$，透镜焦距 $f=0.4\text{m}$，入射光波长 $\lambda=500\text{nm}$，则在距离中央明纹中心位置 2mm 处是明纹还是暗纹？从这个位置看上去可以把波阵面分为几个半波带？(　　)

(A) 明纹，3 个半波带　　(B) 明纹，4 个半波带

(C) 暗纹，3 个半波带　　(D) 暗纹，4 个半波带

12. 在夫琅禾费单缝衍射实验中，对于给定的入射单色光，当缝宽度变小时，除中央明纹的中心位置不变外，各级衍射条纹(　　)。

(A) 对应的衍射角变小　　(B) 对应的衍射角变大

(C) 对应的衍射角也不变　　(D) 光强也不变

13. 在如图 9-22 所示的单缝夫琅禾费衍射装置中，设中央明纹的衍射角范围很小，若使单缝宽度 b 变为原来的 $\frac{3}{2}$，同时使入射的单色光的波长 λ 变为原来的 $\frac{3}{4}$，则屏幕上单缝衍射条纹中央明纹的宽度 Δx 变为原来的(　　)。

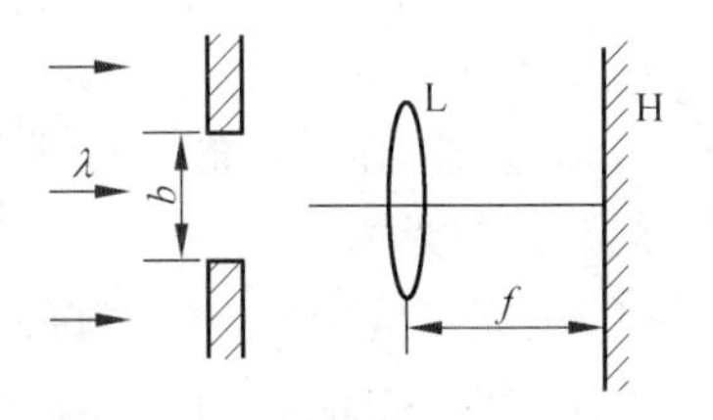

图　9-22

(A) $\frac{3}{4}$倍　　(B) $\frac{2}{3}$倍　　(C) $\frac{9}{8}$倍　　(D) $\frac{1}{2}$倍

14. 波长为 500nm 的单色光垂直入射到宽为 0.25mm 的单缝上，单缝后面放置一凸透镜，凸透镜的焦平面上放置一光屏，用以观测衍射条纹。今测得中央明纹一侧第 3 级暗纹与另一侧第 3 级暗纹之间的距离为 12mm，则凸透镜的焦距 f 为(　　)。

(A) 2m　　(B) 1m　　(C) 0.5m　　(D) 0.2m

15. 在双缝衍射实验中，若保持双缝 S_1 和 S_2 的中心之间的距离 d 不变，而把两条缝的宽度 a 略微加宽，则(　　)。

(A) 单缝衍射的中央主极大变宽，其中所包含的干涉条纹数目变少

(B) 单缝衍射的中央主极大变宽，其中所包含的干涉条纹数目变多

(C) 单缝衍射的中央主极大变宽，其中所包含的干涉条纹数目不变

(D) 单缝衍射的中央主极大变窄，其中所包含的干涉条纹数目变少

(E) 单缝衍射的中央主极大变窄，其中所包含的干涉条纹数目变多

16. 波长为600nm的单色光垂直入射到光栅常数为2.5×10^{-3}mm的光栅上，光栅的刻痕与缝宽相等，则光谱上呈现的全部级数为(　　)。

(A) 0,±1,±2,±3,±4　　(B) 0,±1,±3

(C) ±1,±3　　(D) 0,±2,±4

17. 一束光强为I_0的自然光，相继通过三个偏振片P_1、P_2、P_3后出射光强为$\frac{I_0}{8}$。已知P_1和P_3的偏振化方向相互垂直。若以入射光线为轴旋转P_2，要使出射光强为零，P_2至少应转过的角度是(　　)。

(A) 30°　　(B) 45°　　(C) 60°　　(D) 90°

18. 自然光从空气连续射入介质A和B。入射角为60°时，得到的反射光R_A和R_B都是完全偏振光(振动方向垂直于入射面)，由此可知，介质A和B的折射率之比为(　　)。

(A) $1:\sqrt{3}$　　(B) $\sqrt{3}:1$　　(C) 1∶2　　(D) 2∶1

19. 自然光以60°的入射角照射到某两介质交界面时，反射光为完全偏振光，则知折射光为(　　)。

(A) 完全偏振光，且折射角为30°

(B) 部分偏振光，且只是在该光由真空入射到折射率为$\sqrt{3}$的介质时，折射角是30°

(C) 部分偏振光，但须知两种介质的折射率才能确定折射角

(D) 部分偏振光，且折射角是30°

20. 一束自然光自空气射向一块平板玻璃(图9-23)，入射角等于布儒斯特角i_0，则在界面2上的反射光(　　)。

(A) 光强为零

(B) 是完全偏振光，且光矢量的振动方向垂直于入射面

(C) 是完全偏振光，且光矢量的振动方向平行于入射面

(D) 是部分偏振光

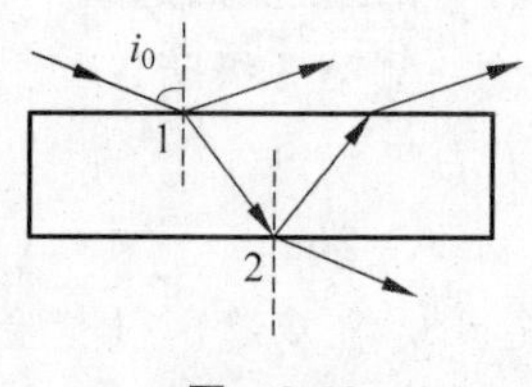

图　9-23

21. 在双缝干涉实验中，用单色自然光，在屏上形成干涉条纹，若在两缝后放一个偏振片，则(　　)。

(A) 干涉条纹的间距不变，但明纹的亮度加强

(B) 干涉条纹的间距不变,但明纹的亮度减弱

(C) 干涉条纹的间距变窄,但明纹的亮度减弱

(D) 无干涉条纹

22. 对于同一种金属,频率为 ν_1 和 ν_2 的两种单色光均能产生光电效应。已知此金属的红限频率为 ν_0,测得两种单色光的截止电压分别为 U_{a1} 和 U_{a2}($2U_{a1}=U_{a2}$),则(　　)。

(A) $\nu_2=\nu_1-\nu_0$　　(B) $\nu_2=\nu_1+\nu_0$

(C) $\nu_2=2\nu_1-\nu_0$　　(D) $\nu_2=\nu_1-2\nu_0$

23. 用频率为 ν_1 的单色光照射某种金属时,逸出光电子的最大动能为 E_k;若改用频率为 $2\nu_1$ 的单色光照射此种金属时,则逸出光电子的最大动能为(　　)。

(A) $2E_k$　　(B) $2h\nu_1-E_k$

(C) $h\nu_1-E_k$　　(D) $h\nu_1+E_k$

24. 光子能量为 0.5MeV 的 X 射线,入射到某种物质上而发生康普顿散射。若反冲电子的动能为 0.1MeV,则散射光波长的改变量 $\Delta\lambda$ 与入射光波长 λ_0 之比为(　　)。

(A) 0.20　　(B) 0.25　　(C) 0.30　　(D) 0.35

(二) 填空题

1. 在双缝干涉实验中,若使两缝之间的距离增大,则屏幕上干涉条纹间距________;若使单色光波长减小,则干涉条纹间距________。

2. 在杨氏实验装置中,光源波长为 640nm,两狭缝间距为 0.4mm,光屏离狭缝的距离为 50cm,则光屏上第 1 级亮纹和中央亮纹之间的距离为________;若光屏上 P 点离中央亮纹的距离为 0.1mm,则两束光在 P 点的相位差为________。

3. 如图 9-24 所示,假设有两个同相的相干点光源 S_1 和 S_2,发出波长为 λ 的光。A 是它们连线的中垂线上的一点。若在 S_1 与 A 点之间插入厚度为 e、折射率为 n 的薄玻璃片,则两光源发出的光在 A 点的相位差 $\Delta\varphi=$________。若已知 $\lambda=500$nm,$n=1.5$,A 点恰为第 4 级明纹中心,则 $e=$________nm。

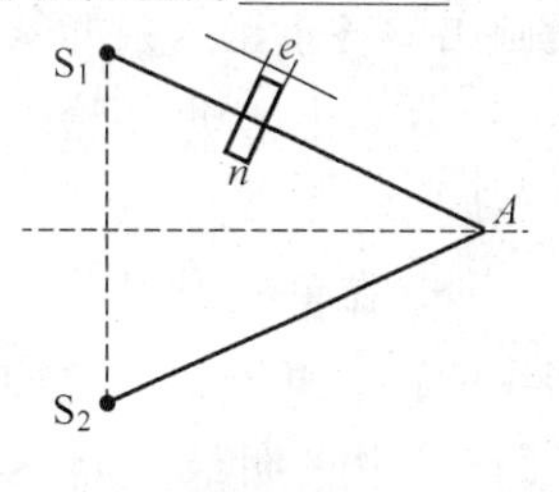

图　9-24

4. 如图 9-25 所示，在双缝干涉实验中，S 到 S_1、S_2 的距离相等，用波长为 λ 的光照射双缝 S_1 和 S_2，通过空气后在屏幕 H 上形成干涉条纹。已知 P 点处为第 3 级明纹，则 S_1 和 S_2 到 P 点的光程差为________。若将整个装置放于某种透明液体中，P 点为第 4 级明纹，则该液体的折射率 $n=$________。

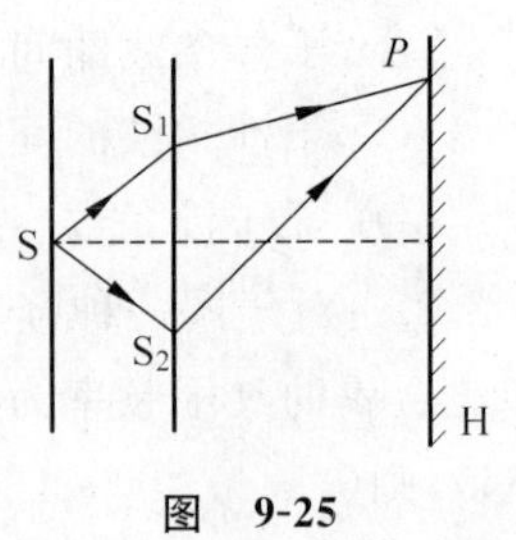

图 9-25

5. 波长为 λ 的平行单色光垂直照射到劈尖薄膜上，劈尖薄膜的折射率为 n，第 2 级明纹与第 5 级明纹所对应的薄膜厚度之差为________。

6. 利用劈尖的等厚干涉条纹可以测量很小的角度。今在很薄的劈尖玻璃板上垂直射入波长为 589.3nm 的钠光，相邻暗纹间距为 5.0mm，玻璃的折射率为 1.52，则此劈尖的夹角为________。

7. 波长为 680nm 的平行光垂直照射到 12cm 长的两块玻璃片上，两玻璃片一边相互接触，另一边被厚为 0.048mm 的纸片隔开，则在这 12cm 内呈现________条明纹。

8. 用单色光观察牛顿环，测得某一亮环的直径为 3mm，在它外边第 5 个亮环的直径为 4.6mm，所用平凸透镜的凸面曲率半径为 1.03m，则此单色光的波长为________。

9. 波长 $\lambda=600\text{nm}$ 的单色光垂直照射到牛顿环装置上，第 2 级明纹与第 5 级明纹所对应的空气膜厚度之差为________nm。

10. 折射率 $n_2=1.2$ 的油滴掉在折射率 $n_3=1.50$ 的平板玻璃上，形成一上表面近似于球面的油膜，用单色光垂直照射油膜，看到油膜周边是________。(填"明环"或"暗环")

11. 在单缝夫琅禾费衍射示意图 9-26 中，所画出的各条正入射光线间距离相等，那么光线 1 与 3 在幕上 P 点相遇时的相位差为________，P 点应为________点。

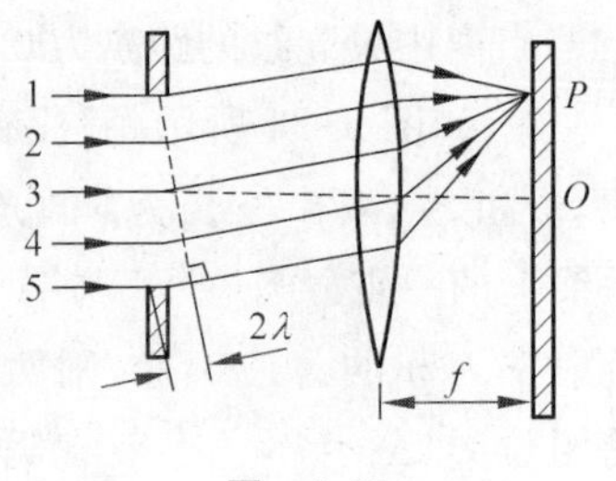

图 9-26

12. 在单缝夫琅禾费衍射实验中，设第 1 级暗纹的衍射角很小。若钠黄光($\lambda_1=589\text{nm}$)为入射光，中央明纹宽度为 4.0mm；若以蓝紫光

($\lambda_2=442\text{nm}$)为入射光，则中央明纹宽度为________mm。

13. 如图 9-27 所示，用波长 $\lambda=500\text{nm}$ 的单色光垂直照射单缝，缝与屏的距离 $d=0.40\text{m}$。

(1) 如果点 P 是第 1 级暗纹所在位置，那么 AB 之间的距离是________nm；

(2) 如果点 P 是第 2 级暗纹所在位置，且 $y=2.0\times10^{-3}\text{m}$，则单缝宽 $b=$________；

(3) 如果改变单缝的宽度，使点 P 处变为第 1 级明纹中心，此时单缝的宽度 $b'=$________。

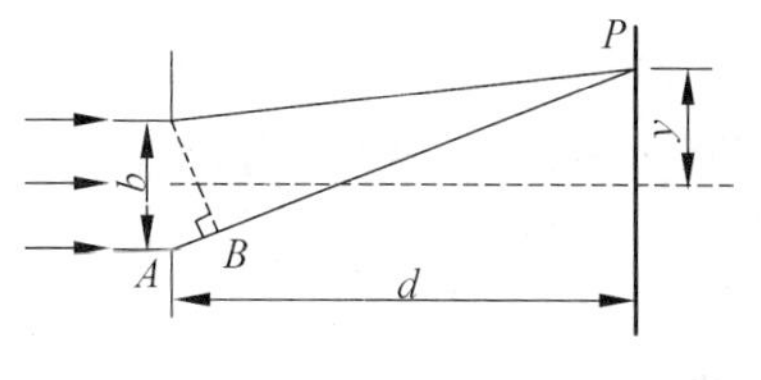

图　9-27

14. 平行单色光垂直入射在缝宽 $b=0.15\text{mm}$ 的单缝上，缝后有焦距 $f=400\text{mm}$ 的凸透镜，在其焦平面上放置观察屏，测得屏上中央明纹两侧的两个第 3 级暗纹之间的距离为 8 mm，则入射光的波长 $\lambda=$________。

15. 用单色光垂直入射在一块光栅上，其光栅常数 $d=3\mu\text{m}$，缝宽 $b=1\mu\text{m}$，则在单缝衍射的中央明纹区中共有________条(主极大)谱线。

16. 可见光的波长范围是 400～760nm，用平行的白光垂直入射在平面透射光栅上时，它产生的不与另一级光谱重叠的完整的可见光光谱是第________级光谱。

17. 一束自然光垂直穿过两个偏振片，两个偏振片偏振化方向成 45°角。已知通过此两偏振片后的光强为 I，则入射至第二个偏振片的线偏振光强度为________。

18. 使光强为 I_0 的自然光依次垂直通过三块偏振片 P_1、P_2 和 P_3，其偏振化方向均成 45°角。则透过三块偏振片后的光强 I 为________。

19. 如图 9-28 所示的杨氏双缝干涉装置，若用单色自然光照射狭缝 S，在屏幕上能看到干涉条纹。若在双缝 S_1 和 S_2 的前面分别加一同质同厚的偏振片 P_1、P_2，则当 P_1 与 P_2 的偏振化方向相互________时，在屏幕上仍能看到很清楚的干涉条纹。

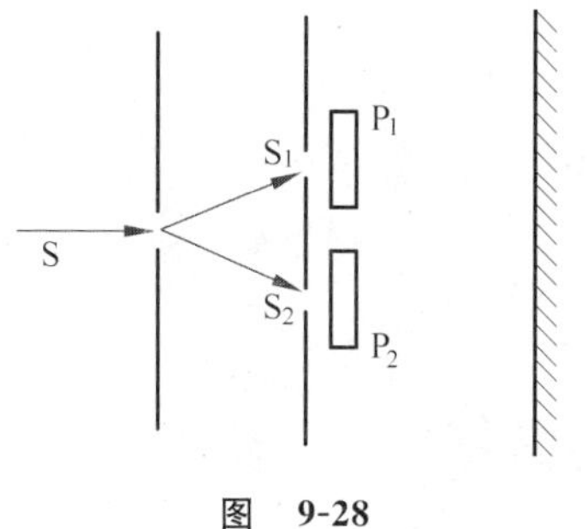

图　9-28

20. 两个偏振片叠放在一起，强度为 I_0 的自然光垂直入射其上，若通过两个偏振片后的光强为 $\frac{I_0}{8}$，则此两偏振片的偏振化方向间的夹角(取锐角)为________;若在两块偏振片之间再插入一块偏振片,其偏振化方向与前后两片的偏振化方向的夹角(取锐角)相等,则通过三个偏振片后的透射光光强为________。

21. 在图 9-29 所示的五个图中,前四幅图表示线偏振光入射于两种介质分界面上,最后一幅图表示入射光是自然光。n_1、n_2 为两种介质的折射率且 $n_2>n_1$,图中入射角 $i_0=\arctan\frac{n_2}{n_1}$,$i\neq i_0$。试在图上画出实际存在的折射光线和反射光线,并用点或短线把振动方向表示出来。

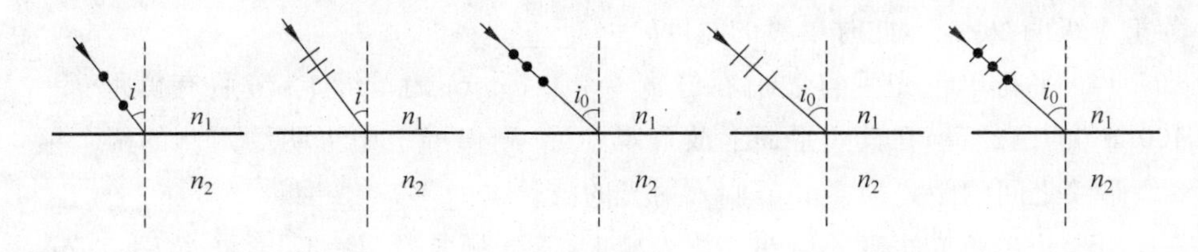

图 9-29

22. 分别以频率为 ν_1 和 ν_2 的单色光照射某一光电管,若 $\nu_1>\nu_2$(ν_1、ν_2 均大于红限频率 ν_0),则当两种频率的入射光的光强相同时,所产生的光电子的最大初动能 E_1 ________ E_2,为阻止光电子到达阳极,所加的遏止电压 $|U_{01}|$ ________ $|U_{02}|$,所产生的饱和光电流 I_{01}________ I_{02}(填"<"、"="或">")。

23. 在康普顿散射中,当散射光子与入射光子方向成夹角 $\varphi=$________时,散射光子的频率减小得最多;当 $\varphi=$ ________时,散射光子的频率与入射光子相同。

24. 在康普顿效应中,波长为 λ_0 的入射光子与静止的自由电子碰撞后又反向弹回,而散射光子的波长变为 λ,则反冲电子获得的动能为________。

自测试卷一

使用专业、班级____________ 学号____________ 姓名____________

<table>
<tr><td rowspan="2">题　数</td><td rowspan="2">一</td><td rowspan="2">二</td><td colspan="4">三</td><td rowspan="2">总　分</td></tr>
<tr><td>1</td><td>2</td><td>3</td><td>4</td></tr>
<tr><td>得　分</td><td></td><td></td><td></td><td></td><td></td><td></td><td></td></tr>
</table>

本题得分	

一、单选题【每题 2 分，共计 36 分】

请将你对各小题所作选择的结果填在下面的表格中：

题号	1	2	3	4	5	6	7	8	9	10
选择										
题号	11	12	13	14	15	16	17	18		
选择										

1. 一运动质点在某瞬时位于矢径 $\boldsymbol{r}(x,y)$ 的端点处，其速度大小为(　　)。

(A) $\frac{\mathrm{d}r}{\mathrm{d}t}$　　(B) $\frac{\mathrm{d}\boldsymbol{r}}{\mathrm{d}t}$　　(C) $\frac{\mathrm{d}|\boldsymbol{r}|}{\mathrm{d}t}$　　(D) $\sqrt{\left(\frac{\mathrm{d}x}{\mathrm{d}t}\right)^2+\left(\frac{\mathrm{d}y}{\mathrm{d}t}\right)^2}$

2. 一质点受力 $\boldsymbol{F}=3x^2\boldsymbol{i}$(SI)作用，沿 x 轴正方向运动，从 $x=0$ 到 $x=2\mathrm{m}$ 过程中，力 $\boldsymbol{F}$ 做功为(　　)。

(A) 8J　　(B) 12J　　(C) 16J　　(D) 24J

3. 一质点作半径为 0.1m 的圆周运动，其角位置的运动方程为 $\theta=\frac{\pi}{4}+\frac{1}{2}t^2$(SI)，则其切向加速度为(　　)。

(A) $0.2\mathrm{m/s^2}$　　(B) $0.4\mathrm{m/s^2}$　　(C) $0.1\mathrm{m/s^2}$　　(D) $0.5\mathrm{m/s^2}$

4. 几个力同时作用在一个具有光滑固定转轴的刚体上，如果这几个力的矢量和为零，则此刚体(　　)。

(A) 必然不会转动　　(B) 转速必然不变

(C) 转速必然改变　　(D) 转速可能不变，也可能改变

5. 速率分布函数 $f(v)$ 的物理意义为(　　)。

(A) 具有速率 v 的分子占总分子数的百分比

(B) 具有速率 v 的分子数

(C) 速率分布在 v 附近的单位速率间隔中的分子数占总分子数的百分比

(D) 速率分布在 v 附近的单位速率间隔中的分子数

6. 如图所示，O 点为线段 AB 的中点，AB 的长度为 $2R$，在 AO 与 BO 的中点处分别放置两个点电荷 $+q$、$-q$。现以 O 点为球心、R 为半径作一球面，则通过该球面的电场强度通量和 A 点的电场强度的大小分别为(　　)。

(A) $\dfrac{2q}{\varepsilon_0}, \dfrac{11q}{9\pi\varepsilon_0 R^2}$　　(B) $0, \dfrac{10q}{9\pi\varepsilon_0 R^2}$

(C) $0, \dfrac{8q}{9\pi\varepsilon_0 R^2}$　　(D) 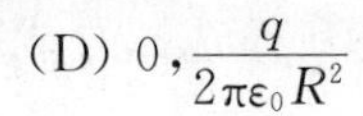 $0, \dfrac{q}{2\pi\varepsilon_0 R^2}$

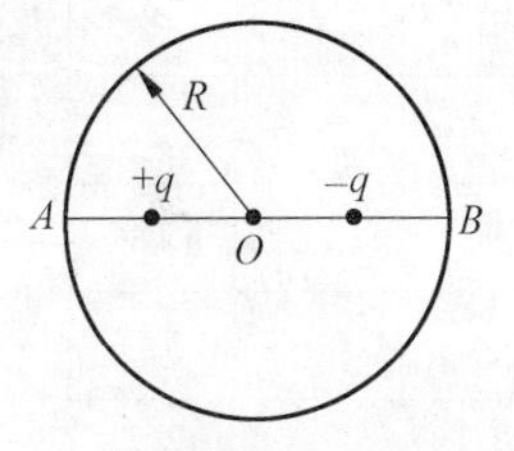

选择第 6 题图

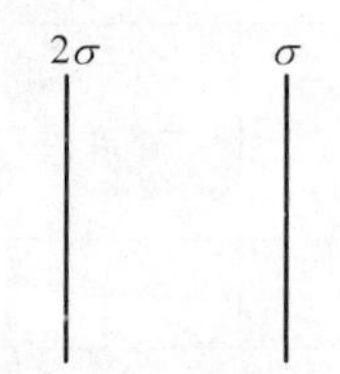

选择第 7 题图

7. 如图所示，两块"无限大"的带电平行平板，其电荷面密度分别为 2σ 和 $\sigma(\sigma>0)$，则两块平板中间区域的电场强度的大小为(　　)。

(A) 0　　(B) $3\sigma/(2\varepsilon_0)$　　(C) $3\sigma/\varepsilon_0$　　(D) $\dfrac{\sigma}{2\varepsilon_0}$

8. 半径为 r 的均匀带电球面 1，带电量为 q，其外有一同心的半径为 R 的均匀带电球面 2，带电量为 Q，则此两球面的电势差 U_1-U_2 为(　　)。

(A) $\dfrac{q}{4\pi\varepsilon_0}\left(\dfrac{1}{r}-\dfrac{1}{R}\right)$　　(B) $\dfrac{Q}{4\pi\varepsilon_0}\left(\dfrac{1}{R}-\dfrac{1}{r}\right)$

(C) $\dfrac{1}{4\pi\varepsilon_0}\left(\dfrac{q}{r}-\dfrac{Q}{R}\right)$　　(D) $\dfrac{q}{4\pi\varepsilon_0 r}$

9. 关于高斯定理的理解有下面几种说法，其中正确的是(　　)。

(A) 如果高斯面上 $\boldsymbol{E}$ 处处为零，则该面内必无电荷

(B) 如果高斯面内无电荷，则高斯面上 $\boldsymbol{E}$ 处处为零

(C) 如果高斯面内有净电荷，则通过高斯面的电场强度通量必不为零

(D) 如果高斯面上 $\boldsymbol{E}$ 处处不为零，则高斯面内必有电荷

10. 如图所示，无限长直导线在 P 处弯成半径为 R 的圆，当通以电流 I 时，则在圆心 O 点的磁感应强度大小等于(　　)。

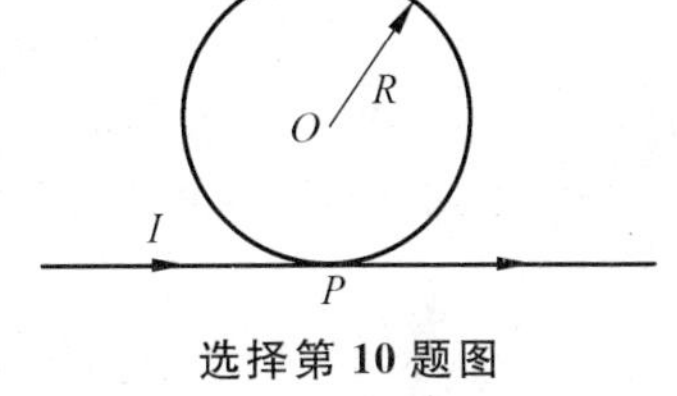

选择第 10 题图

(A) $\dfrac{\mu_0 I}{2\pi R}$　　(B) $\dfrac{\mu_0 I}{4R}$

(C) 0　　(D) $\dfrac{\mu_0 I}{2R}\left(1-\dfrac{1}{\pi}\right)$

11. 如图所示，有一"无限长"通电流的扁平铜片，宽度为 a，厚度不计，电流 I 在铜片上均匀分布。则在铜片外与铜片共面、离铜片右边缘为 b 处的 P 点的磁感应强度 $\boldsymbol{B}$ 的大小为(　　)。

(A) $\dfrac{\mu_0 I}{2\pi(a+b)}$　　(B) $\dfrac{\mu_0 I}{2\pi a}\ln\dfrac{a+b}{b}$　　(C) $\dfrac{\mu_0 I}{2\pi b}\ln\dfrac{a+b}{a}$　　(D) $\dfrac{\mu_0 I}{2\pi\left(\dfrac{a}{2}+b\right)}$

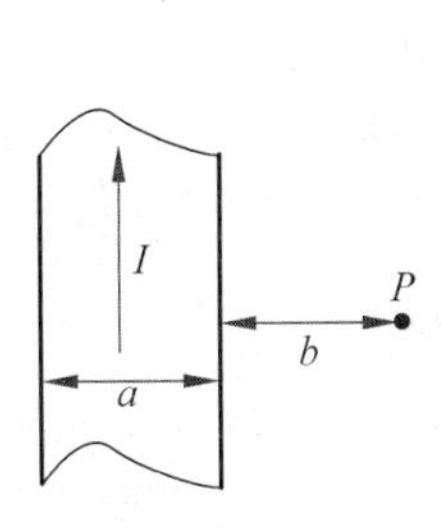

选择第 11 题图

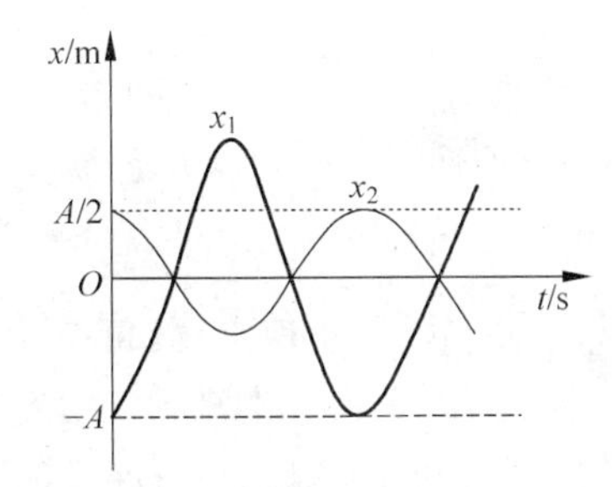

选择第 12 题图

12. 如图所示，有两个简谐振动的振动曲线，若这两个简谐振动可叠加，则合成的余弦振动的初相为(　　)。

(A) $-\pi/2$　　(B) π　　(C) $\pi/2$　　(D) 0

13. 一平面简谐波的波动方程为 $y=A\cos 2\pi(\nu t-x/\lambda)$。在 $t=1/\nu$ 时刻，$x_1=3\lambda/4$ 与 $x_2=\lambda/4$ 两点处介质质点速度之比为(　　)。

(A) 1　　(B) -1　　(C) 3　　(D) 1/3

14. 如图所示，单色平行光垂直照射在薄膜上，经上下两表面反射的两束光发生干涉，若薄膜的厚度为 e，且 $n_1 < n_2$，$n_3 < n_2$，λ 为入射光在真空中的波长，则两束反射光的光程差为（　　）。

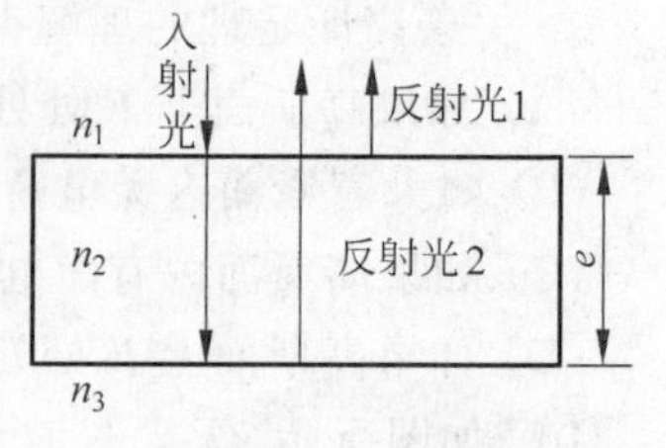

选择第 14 题图

(A) $2n_2e$　　(B) $2n_2e+\lambda/(2n_2)$

(C) $2n_2e+\lambda/2$　　(D) $2n_2e+n_2\lambda/2$

15. 在单缝夫琅禾费衍射实验中波长为 λ 的单色平行光垂直入射到单缝上，对应于衍射角为 30°的方向上，若单缝处波面可分为 3 个半波带，则单缝的宽度为（　　）。

(A) 2λ　　(B) 3λ　　(C) 4λ　　(D) 5λ

16. 一束光是自然光与线偏振光的混合光，让它垂直通过一偏振片，若以此入射光束为轴旋转偏振片，测得透射光光强最大值是最小值的 5 倍，则入射光束中自然光与线偏振光的光强比值为（　　）。

(A) 1/4　　(B) 1/3　　(C) 1/2　　(D) 1/5

17. 衍射光栅主极大公式 $(a+b)\sin\varphi=\pm k\lambda$，$k=0,1,2,\cdots$。在 $k=3$ 的方向上第一条缝与第三条缝对应点发出的两条衍射光的光程差 δ 为（　　）。

(A) 6λ　　(B) 4λ　　(C) 2λ　　(D) 8λ

18. 黑体辐射、光电效应及康普顿效应皆突出表明了光的（　　）。

(A) 波动性　　(B) 单色性　　(C) 粒子性　　(D) 偏振性

本题得分	

二、填空题【每空 3 分，共计 24 分】

1. 半径为 R 具有光滑轴的定滑轮边缘绕一细绳，绳的下端挂一质量为 m 的物体。绳的质量可以忽略，绳与定滑轮之间无相对滑动。若物体下落的加速度为 a，则定滑轮对轴的转动惯量 $J=$________。

2. 如图所示，设图中两条曲线分别表示在相同温度下氧气和氢气分子的速率分布曲线，则图中曲线 a 表示的是________（填“氧气”或“氢气”）的速率分布曲线。

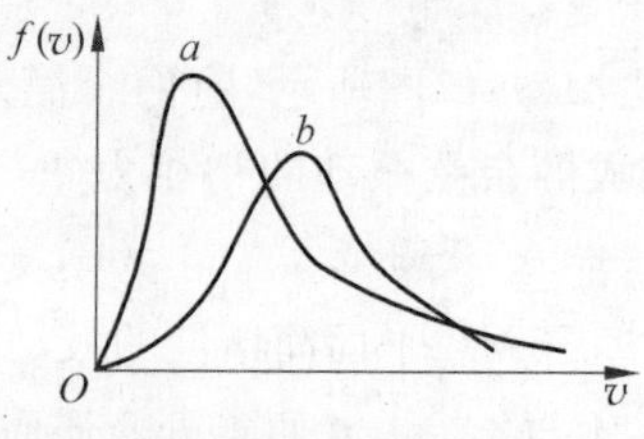

填空第 2 题图

3. 常温常压下，一定量的某种理想气体（视为刚性分子，自由度为 i）在等压过程中吸热

为 Q,内能增量为 ΔE,则$\dfrac{\Delta E}{Q}=$________。

4. 真空中有一均匀带电细圆环,电荷线密度为 λ,则其圆心处的电势为________。(选择无穷远处电势为零)

5. 如图所示,两根直导线 ab 和 cd 沿半径方向被接到一个界面处处相等的铁环上,稳恒电流 I 从 a 端流入而从 d 端流出,则磁感应强度 $\boldsymbol{B}$ 沿图中闭合路径 L 的积分 $\oint_L \boldsymbol{B}\cdot \mathrm{d}\boldsymbol{l}=$________。

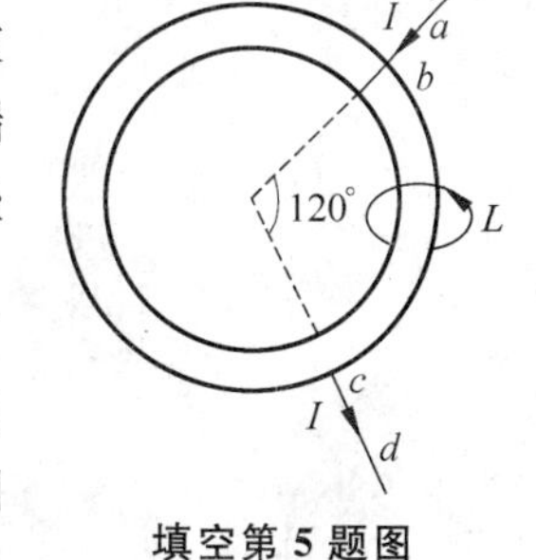

填空第 5 题图

6. 一平面简谐波沿 x 轴正向传播,波速为 u。已知坐标原点 O 点的振动方程为 $y=A\cos(\omega t+\phi_0)$,则此波的表达式为________________。

7. 波长为 λ 的平行单色光垂直照射到空气劈尖上,则第 2 级明纹与第 6 级明纹所对应的薄膜厚度之差是________。

8. 在康普顿散射中,波长为 λ_0 的入射光子与静止的自由电子碰撞后又反向弹回,而散射光子的波长变为 λ,则反冲电子获得的动能为________。

三、计算题【每题 10 分,共计 40 分】

本题得分	

1. 如图所示,一长为 L 的匀质细杆,质量为 M,一端可绕水平光滑轴 O 在铅垂面内转动,开始时细杆自然地铅直垂悬。现有质量为 m 的子弹以速率 v 水平地射入杆的另一端,并留在杆中,(1)问:以杆和子弹为一系统,子弹与杆碰撞瞬间系统的守恒量是什么?在碰撞结束后,杆向上摆动过程中,系统的守恒量是什么?

(2) 求杆和子弹一起开始转动时的角速度的大小。

$\left(\text{已知细杆绕 } O \text{ 轴转动的转动惯量 } J=\dfrac{1}{3}ML^2\right)$

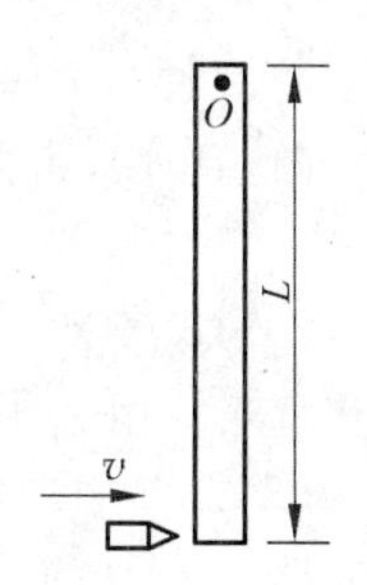

本题得分	

2. 如图所示,一定量的单原子分子理想气体从初态 A 出发,沿图中直线过程变到另一状态 B,又经过等容、等压两过程回到状态 A。求:(1)气体循环一周,对外所做的净功;(2)循环效率。

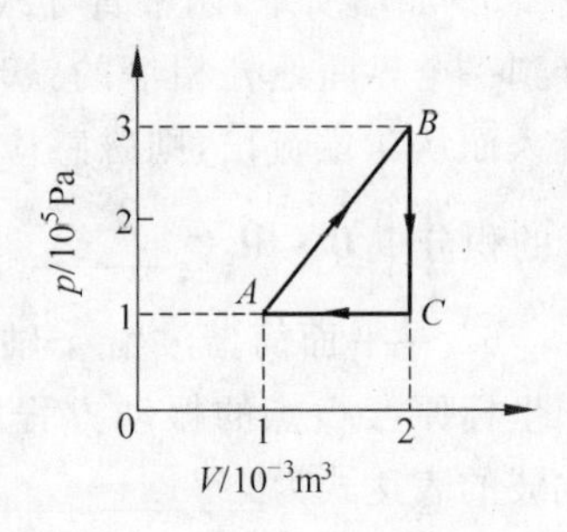

本题得分	

3. 一无限长直导线通以电流 $I=I_0\mathrm{e}^{-3t}$,和直导线在同一平面内有一矩形导线框,其一边与直导线平行,线框的尺寸及位置如图所示。

求:(1)通过导线框的磁通量;(2)导线框中的感应电动势的大小。

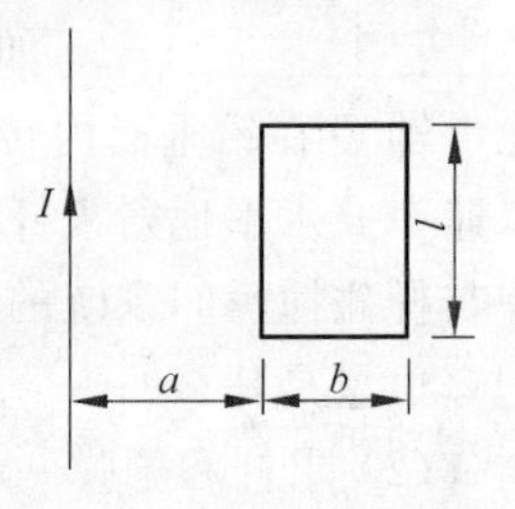

本题得分	

4. 在杨氏实验装置中，光源波长为 640nm，两狭缝间距为 0.4mm，光屏离狭缝的距离为 50cm。(1)求光屏上第 1 级明纹与中央明纹之间的距离；(2)若光屏上的 P 点离中央明纹为 0.1 mm，问两束光在 P 点的相位差是多少？

自测试卷二

使用专业、班级＿＿＿＿＿＿　学号＿＿＿＿＿＿　姓名＿＿＿＿＿＿

<table>
<tr><td rowspan="2">题　数</td><td rowspan="2">一</td><td rowspan="2">二</td><td colspan="4">三</td><td rowspan="2">总　分</td></tr>
<tr><td>1</td><td>2</td><td>3</td><td>4</td></tr>
<tr><td>得　分</td><td></td><td></td><td></td><td></td><td></td><td></td><td></td></tr>
</table>

本题得分	

一、单选题【每题 2 分，共计 36 分】

请将你对各小题所作选择的结果填在下面的表格中：

题号	1	2	3	4	5	6	7	8	9	10
选择										
题号	11	12	13	14	15	16	17	18		
选择										

1. 质点作直线运动的运动方程为 $x=3t-5t^3+6$(SI)，则该质点做(　　)。

(A) 匀加速直线运动，加速度沿 x 轴正方向

(B) 匀加速直线运动，加速度沿 x 轴负方向

(C) 变加速直线运动，加速度沿 x 轴正方向

(D) 变加速直线运动，加速度沿 x 轴负方向

2. 设作用在质量为 2kg 物体上的力 $F=6t$(N)，若物体由静止出发沿直线运动，则在开始的 2s 内该力冲量的大小为(　　)。

(A) 18N·s　　(B) 16N·s　　(C) 12N·s　　(D) 36N·s

3. 理想气体向真空作绝热自由膨胀，则(　　)。

(A) 膨胀后，温度不变，压强减小　　(B) 膨胀后，温度降低，压强减小

(C) 膨胀后，温度升高，压强减小　　(D) 膨胀后，温度不变，压强不变

4. 一个转动惯量为 J 的圆盘绕一固定轴转动，其初角速度为 ω_0，设它所受阻力矩与转动角速度成正比，$M=-k\omega$（k 为正常数），则它的角速度从 ω_0 变为 $\frac{\omega_0}{2}$ 所需要的时间为（　　）。

(A) $\frac{J\omega_0}{2}$　　(B) $\frac{k}{J}$　　(C) $\frac{J\ln 2}{k}$　　(D) $\frac{J\omega_0^2}{8}$

5. 如图所示，半径为 R 的均匀带电球面，总电荷为 Q，设无穷远处的电势为零，则球内距离球心为 r 的 P 点处的电场强度的大小和电势为（　　）。

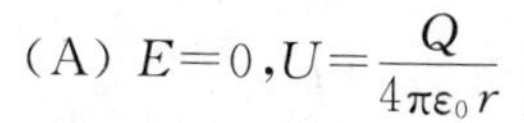

(A) $E=0, U=\frac{Q}{4\pi\varepsilon_0 r}$

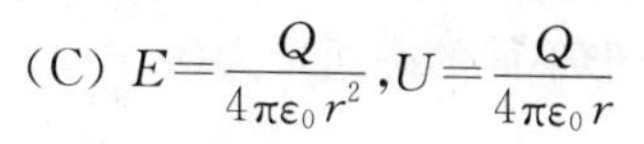

(B) $E=\frac{Q}{4\pi\varepsilon_0 r^2}, U=\frac{Q}{4\pi\varepsilon_0 R}$

(C) $E=\frac{Q}{4\pi\varepsilon_0 r^2}, U=\frac{Q}{4\pi\varepsilon_0 r}$

(D) $E=0, U=\frac{Q}{4\pi\varepsilon_0 R}$

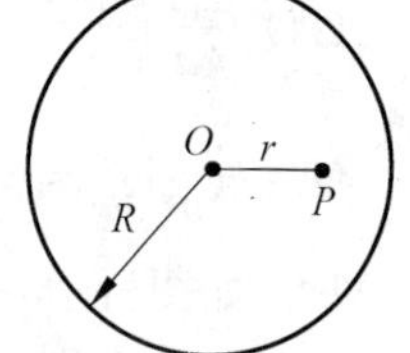

选择第 5 题图

6. 已知某电场的电场线分布情况如图所示。现观察到一负电荷从 M 移到 N，有人根据这个图作出下列几点结论，则下列结论正确的是（　　）。

(A) 电场强度 $E_M<E_N$　　(B) 电势 $U_M<U_N$

(C) 电势能 $W_M<W_N$　　(D) 电场力的功 $W>0$

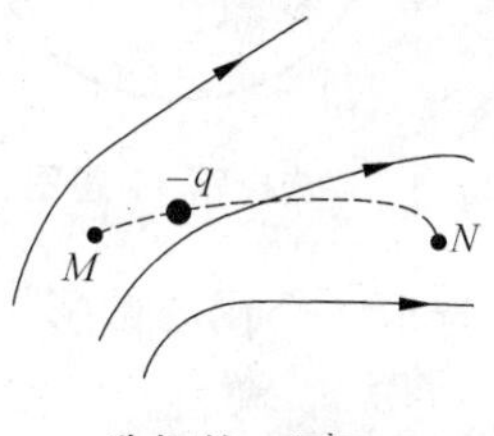

选择第 6 题图

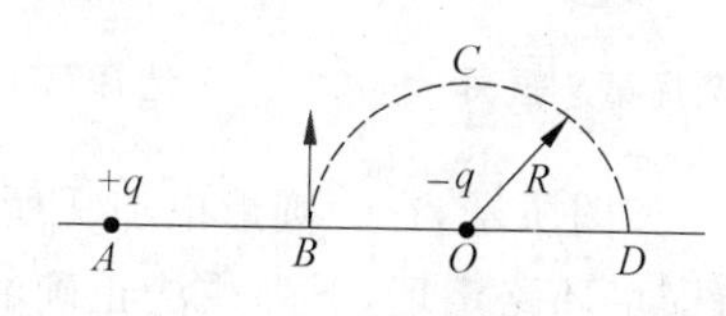

选择第 7 题图

7. 如图所示，$\overset{\frown}{BCD}$ 是以 O 点为圆心、以 R 为半径的半圆弧，在 A 点有一电量为 $+q$ 的点电荷，O 点有一电荷量为 $-q$ 的点电荷，线段 $\overline{BA}=R$。现将一单位正电荷从 B 点沿半圆弧轨道 $\overset{\frown}{BCD}$ 移到 D 点，则电场力所做的功为（　　）。

(A) 0　　(B) $\frac{q}{6\pi\varepsilon_0 R}$　　(C) $\frac{-q}{6\pi\varepsilon_0 R}$　　(D) $\frac{q}{12\pi\varepsilon_0 R}$

8. 关于高斯定理，下列说法正确的是（　　）。

(A) 沿任一闭合面的电通量为零时，该闭合面上各点的场强为零

(B) 高斯定理只适用于具有球对称、轴对称和面对称的静电场

(C) 当高斯面内的电荷的代数和为零时，通过高斯面的电通量为零

(D) 高斯面上的电场只与高斯面内的电荷有关

9. 如图所示，一根"无限长"直导线通有电流 I，现将导线中间部分弯曲成半径为 a 的半圆弧，则圆心 O 处的磁感应强度的大小为（　　）。

(A) $\frac{\mu_0 I}{4a}\left(\frac{1}{\pi}-1\right)$　　(B) $\frac{\mu_0 I}{4a}\left(\frac{2}{\pi}-1\right)$

(C) $\frac{\mu_0 I}{4a}\left(\frac{1}{\pi}+1\right)$　　(D) $\frac{\mu_0 I}{4a}\left(\frac{2}{\pi}+1\right)$

10. 如图所示，一"无限长"圆柱形铜导体（磁导率 μ_0），半径为 R，通有电流 I，电流均匀分布在横截面上。现取一矩形平面 S（宽为 R，长为 L），矩形的一边为圆柱形轴线（位置如图中所画斜线部分），则通过该矩形平面的磁通量为（　　）。

(A) $\frac{\mu_0 I}{4\pi}L$　　(B) $\frac{\mu_0 I}{8\pi}L$　　(C) $\frac{\mu_0 I}{2\pi}L$　　(D) $\frac{\mu_0 I}{\pi}L$

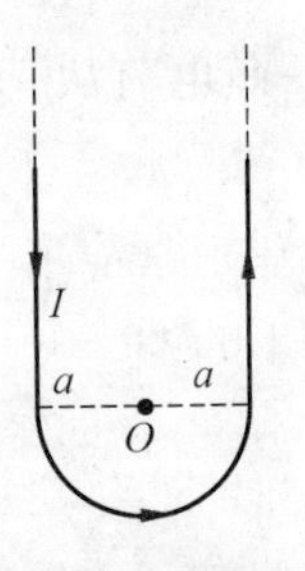

选择第 9 题图

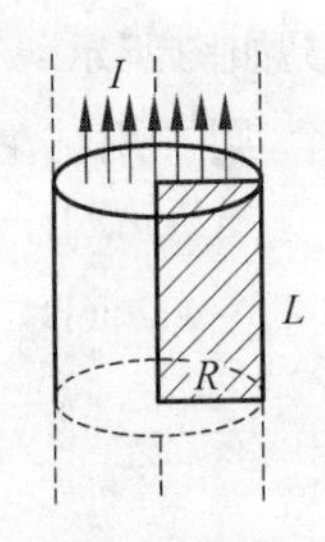

选择第 10 题图

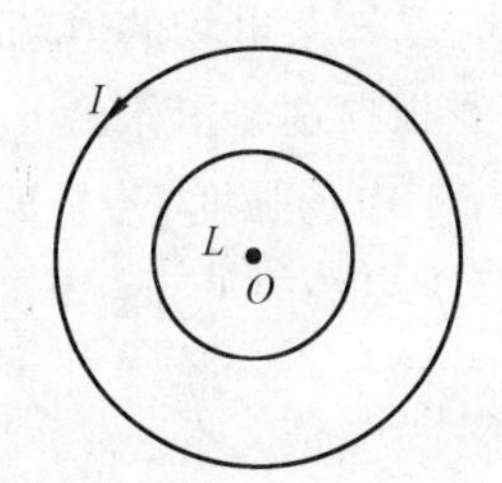

选择第 11 题图

11. 如图所示，在一圆形电流 I 所在的平面内，选取一个同心圆形闭合回路 L，则由安培环路定理，下列说法正确的是（　　）。

(A) $\oint_L \boldsymbol{B}\cdot d\boldsymbol{l}=0$，且环路上任意一点 $B=0$

(B) $\oint_L \boldsymbol{B}\cdot d\boldsymbol{l}=0$，且环路上任意一点 $B\neq 0$

(C) $\oint_L \boldsymbol{B}\cdot d\boldsymbol{l}\neq 0$，且环路上任意一点 $B\neq 0$

(D) $\oint_L \boldsymbol{B}\cdot d\boldsymbol{l}\neq 0$，且环路上任意一点 $B=$常量

12. 一弹簧振子作简谐振动，当位移为振幅的一半时，其动能为总能量的(　　)。

(A) $1/\sqrt{2}$　　(B) $1/2$　　(C) $3/4$　　(D) $\sqrt{3}/2$

13. 如图所示为一沿 x 轴正向传播的平面简谐波在 $t=0$ 时刻的波形图。若振动以余弦函数表示，且各点振动初相取 $-\pi$ 到 π 之间的值，则(　　)。

(A) O 点的初相为 $\varphi_0=-\frac{1}{2}\pi$　　(B) 1 点的初相为 $\varphi_1=0$

(C) 2 点的初相为 $\varphi_2=0$　　(D) 3 点的初相为 $\varphi_3=0$

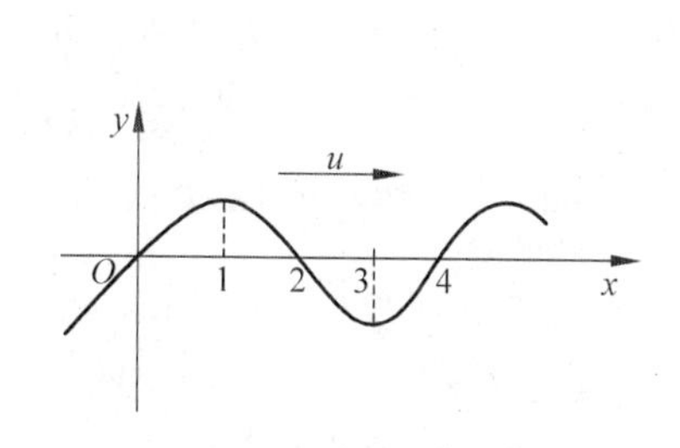

选择第 13 题图

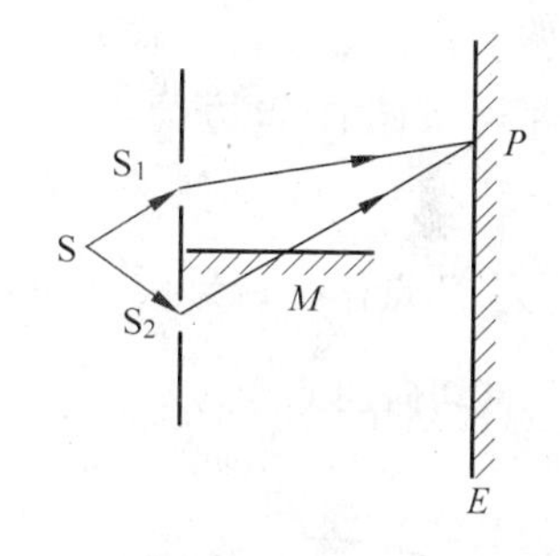

选择第 14 题图

14. 在双缝干涉实验中，屏幕 E 上的 P 点处是明条纹。若将缝 S_2 盖住，并在 S_1S_2 连线的垂直平分面处放一高折射率介质反射面 M，如图所示，则此时(　　)。

(A) P 点处仍为明条纹

(B) 无干涉条纹

(C) 不能确定 P 点处是明条纹还是暗条纹

(D) P 点处为暗条纹

15. 在单缝夫琅禾费衍射实验中波长为 λ 的单色平行光垂直入射到单缝上，对应于衍射角为 $30°$ 的方向上，若单缝处波面可分成 3 个半波带，则单缝的宽度为(　　)。

(A) 2λ　　(B) 3λ　　(C) 4λ　　(D) 5λ

16. 折射率为 1.30 的油膜覆盖在折射率为 1.50 的玻璃片上。用白光垂直照射油膜，观察到透射光中绿光($\lambda=500$nm)加强，则油膜的最小厚度是(　　)。

(A) 83.3nm　　(B) 250nm　　(C) 192.3nm　　(D) 96.2nm

17. 在康普顿效应实验中，若散射光波长是入射光波长的 1.5 倍，则散射光光子能量 ε 与反冲电子动能 E_k 之比为(　　)。

(A) 2　　(B) 3　　(C) 4　　(D) 5

18. 三个偏振片 P_1、P_2 与 P_3 堆叠在一起，P_1 与 P_3 的偏振化方向相互垂直，P_2 与 P_1 的偏振化方向间的夹角为 30°。强度为 I_0 的自然光垂直入射于偏振片 P_1，并依次透过偏振片 P_1、P_2 与 P_3，则通过三个偏振片后的光强为(　　)。

(A) $I_0/4$　　(B) $3I_0/8$　　(C) $3I_0/32$　　(D) $I_0/16$

本题得分	

二、填空题【每空 3 分，共计 24 分】

1. 如图所示，一均质圆柱体的质量为 M，半径为 R，可绕通过中心轴线的光滑轴转动，原来处于静止状态。现有一质量为 m、速度为 v 的子弹，沿圆周的切线方向射入圆柱体边缘并嵌入其中，则圆柱体与子弹一起转动的角速度为________。

2. 一质点作半径为 0.1m 的圆周运动，其角位置的运动方程为 $\theta=\frac{\pi}{4}+\frac{1}{2}t^2$ (SI)，则其切向加速度为________。

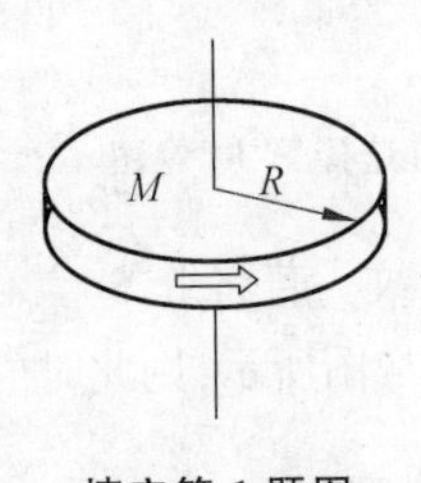

填空第 1 题图

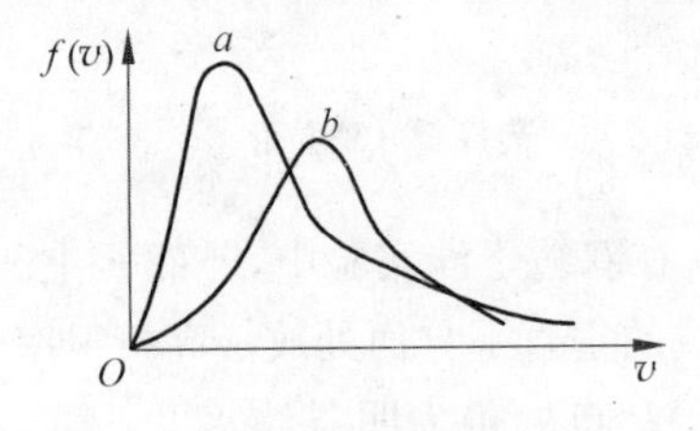

填空第 3 题图

3. 如图所示，有速率分布曲线 a、b，如果 a、b 表示同一种气体分子在不同温度下的速率分布，则 T_a ________ T_b。(填"$>$"、"$<$"或"$=$")

4. 半径为 r 的均匀带电球面 1，带电量为 q，其外有一同心的半径为 R 的均匀带电球面 2，带电量为 Q，则此两球面的电势差 $U_1-U_2=$ ________。

5. 一平面简谐波沿 x 轴正向传播，波动方程为 $y=0.2\cos\left(\pi t-\frac{\pi}{2}x\right)$m，则 $x=-3$m 处介质质点运动的初相位为________。

6. 在双缝干涉实验中，若使两缝之间的距离增大，则屏幕上干涉条纹的间距将________。(填"变大"或"变小")

7. 分别以频率为 ν_1、ν_2 的单色光照射某一光电管，若 $\nu_1>\nu_2$ (ν_1、ν_2 均大于红限频率 ν_0)，则当两种频率的入射光的光强相同时，所产生的光电子的最大初动

能 E_1 ________ E_2。(填“>”、“<”或“=”)

8. 衍射光栅主极大公式$(a+b)\sin\varphi=\pm k\lambda, k=0,1,2,\cdots$。在 $k=3$ 的方向上第一条缝与第三条缝对应点发出的两条衍射光的光程差 $\delta=$________。

三、计算题【每题 10 分，共计 40 分】

本题得分	

1. 已知滑轮(忽略轴承摩擦)半径为 R，质量为 m_0，轮与绳之间有足够的摩擦(轮与绳之间无滑动)，绳不可伸长，滑轮一端挂一质量为 m 的物体，另一端有拉力 f 向下拉绳使物体上升(如图)，求物体向上运动的加速度。

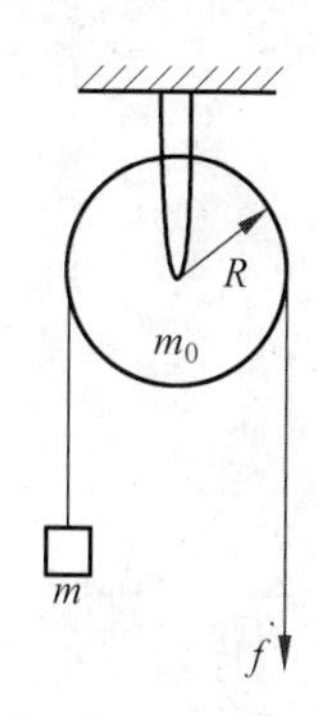

本题得分	

2. 如图所示，$abcda$ 为 1mol 单原子分子理想气体的循环过程。ab、cd 为等体过程，bc、da 为等压过程。求：(1) 气体循环一周，对外所做的净功；(2)循环的效率。

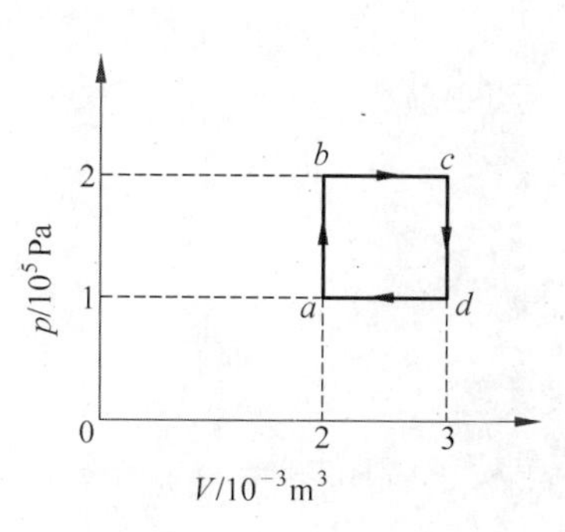

本题得分	

3. 如图所示，一内半径为 a、外半径为 b 的金属球壳，带有电荷 Q，在球壳空腔内距离球心 r 处有一点电荷 q。设无限远处为电势零点，试求：

(1) 球壳内、外表面上的电荷；

(2) 球心 O 点处，由球壳内表面上电荷产生的电势；

(3) 球心 O 点处的总电势。

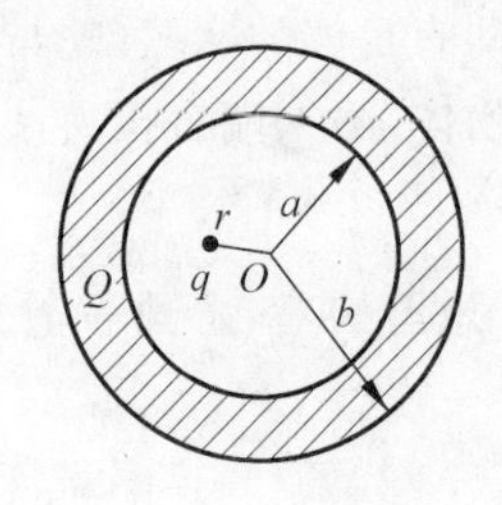

本题得分	

4. 在 Si 的平表面上镀了一层厚度均匀的 SiO_2 薄膜，为测量薄膜厚度，将它的一部分磨成劈尖(图中 AB 段)。现用 600nm 的平行光垂直照射，观察反射光形成的等厚干涉条纹，在 AB 段共有 8 条暗纹，且 B 处恰好为一条暗纹，求薄膜厚度。(Si 的折射率为 3.42，SiO_2 的折射率为 1.50)

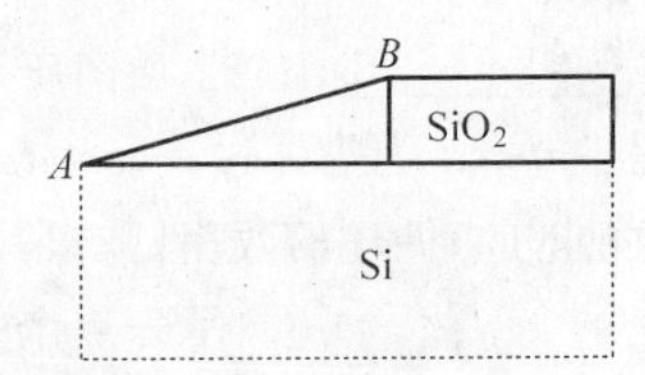

答案

第 1 章练一练参考答案

（一）选择题

1. D　2. C　3. D　4. C　5. B　6. C　7. B　8. C
9. C　10. D　11. B　12. C

（二）填空题

1. 6.32 m/s；8.25 m/s；$y=19-\frac{x^2}{2}$

2. 8 m；10 m

3. $g\sin\alpha$；$g\cos\alpha$；$\frac{v_0^2}{g\cos\alpha}$

4. $\frac{h_1 v}{h_1-h_2}$

5. $1:\cos^2\theta$

6. 13rad/s

7. 356kg·m/s；160kg·m/s；

8. 0；$mg\frac{2\pi}{\omega}$；$-mg\frac{2\pi}{\omega}$

9. 4m/s；2.5m/s

10. $x_0\sqrt{\frac{k}{M}}$；$\frac{Mx_0}{M+nM}\left(\frac{k}{M}\right)^{\frac{1}{2}}$

11. $\frac{(mg)^2}{2k}$

12. $\frac{GMm}{6R}$；$-\frac{GMm}{3R}$

第 2 章练一练参考答案

（一）选择题

1. C　2. C　3. B　4. B　5. C　6. B　7. A　8. A
9. B　10. D　11. B　12. C　13. B

(二) 填空题

1. $2.5\ \mathrm{rad/s^2}$

2. $0.15\ \mathrm{m/s^2}, 0.4\pi\ \mathrm{m/s^2}$

3. 变大

4. $\frac{3}{4}mL^2, \frac{1}{4}mgL, \frac{g}{3L}$

5. $m(g-a)R^2/a$

6. $12\boldsymbol{i}-2\boldsymbol{j}+20\boldsymbol{k}$

7. 变小

8. $4\sqrt{\frac{3g}{7L}}$

第 3 章练一练参考答案

(一) 选择题

1. D 2. B 3. A 4. D 5. C 6. D

(二) 填空题

1. 大量气体分子持续不断与器壁碰撞

2. $\frac{3}{2}kT, kT, \frac{5}{2}kT, \frac{5}{2}RT$

3. $\frac{5}{2}(p_2V_2-p_1V_1)$

4. $\int_{v_p}^{\infty} f(v)\mathrm{d}v$

5. 升高

6. $\sqrt{\frac{M_{m2}}{M_{m1}}}$

7. $\bar{\varepsilon}_k=\frac{3}{2}kT$, 温度是大量气体分子热运动剧烈程度的量度

第 4 章练一练参考答案

(一) 选择题

1. B 2. D 3. C 4. A 5. B 6. D 7. B 8. B
9. A 10. C 11. C 12. C

(二) 填空题

1. $\frac{W}{R}, \frac{7}{2}W$

2. 等压

3. 500,700

4. 等压,等温,等压

5. AM,CM

6. 1.6

7. 略

8. 功转换为热,热传递

第5章练一练参考答案

(一) 选择题

1. A　2. B　3. D,B　4. D　5. C　6. B

7. A　8. B　9. C　10. A　11. A　12. C

13. A　14. B

(二) 填空题

1. $0,\frac{\lambda}{2\varepsilon_0}$

2. $\frac{\sigma}{q_0}$,水平向左;0;$\frac{\sigma}{\varepsilon_0}$,水平向右

3. $-\Delta\Phi_e$

4. $\frac{q}{24\varepsilon_0}$

5. $\frac{Q}{\varepsilon_0}$;$\boldsymbol{E}_a=0,\boldsymbol{E}_b=\frac{5Q}{18\pi\varepsilon_0 R^2}\boldsymbol{r}_0$

6. $\frac{Q}{4\pi\varepsilon_0 R},-\frac{Qq}{4\pi\varepsilon_0 R}$

7. $\frac{Q_1}{4\pi\varepsilon_0 r^2}\boldsymbol{r}_0,\frac{Q_2}{4\pi\varepsilon_0 R_2}+\frac{Q_1}{4\pi\varepsilon_0 r}$

8. $-q,-q$

第6章练一练参考答案

(一) 选择题

1. B　2. A　3. A　4. D　5. C　6. C　7. C　8. C

9. D　10. B　11. B

(二) 填空题

1. $\frac{\mu_0 I}{4a}$

2. $\sqrt{2}\pi:8$

3. $\frac{\mu_0 I}{2\pi R}\left(1-\frac{\sqrt{3}}{2}+\frac{\pi}{6}\right)$

4. $\frac{\sqrt{3}}{3}x$

5. $0, -\mu_0 I$　　6. $-\mu_0 I, 0, 2\mu_0 I$

7. 1∶1

第7章练一练参考答案

（一）选择题

1. A　2. B　3. A　4. B　5. (1)D　(2)B　6. D
7. B　8. D　9. A

（二）填空题

1. $0, -\frac{1}{2}B\omega l^2$　　2. $-\frac{1}{2}B\omega L^2, 0, B\omega d\left(\frac{1}{2}d-L\right)$

3. $\frac{\mu_0 Iv}{2\pi}\ln\frac{a+b}{a-b}$　　4. $\frac{\sqrt{3}}{4}R^2\mu_0 n\frac{\mathrm{d}I}{\mathrm{d}t}, \frac{\pi R^2}{12}\mu_0 n\frac{\mathrm{d}I}{\mathrm{d}t}$

第8章练一练参考答案

（一）选择题

1. B　2. D　3. C　4. B　5. B　6. B　7. B
8. C　9. D　10. D　11. A　12. C

（二）填空题

1. $2\sqrt{m}\mathrm{s}$　　2. $x=6\times10^{-3}\cos\left(\frac{\pi}{2}t-\frac{\pi}{2}\right)\mathrm{m}$

3. 2　　4. 1∶2；1∶8；1∶16

5. $4\times10^{-2}; \frac{\pi}{2}$　　6. $A; \frac{m}{n}; \frac{2\pi}{n}; \frac{m}{2\pi}$

7. $\frac{\omega(x_2-x_1)}{u}$　　8. $v=-0.2\pi\sin\left(\pi t-\frac{\pi}{2}\right)$

9. $y=A\cos\left(2\pi t-\frac{\pi}{2}\right); y=A\cos\left(2\pi t+\pi x-\frac{\pi}{2}\right)$

10. $\Delta\varphi=2k\pi+\frac{2\pi}{3}$;$\Delta\varphi=2k\pi-\frac{\pi}{3}$

11. 2.4m;6m/s

12. 合成波的方程为 $y=2A\cos2\pi t\cos\frac{\pi x}{2}$； 1,3,5,7,9； 0,2,4,6,8,10

第 9 章练一练参考答案

(一) 选择题

1. B　2. B　3. B　4. D　5. C　6. A　7. C　8. C
9. D　10. D　11. D　12. B　13. D　14. B　15. D　16. B
17. B　18. B　19. D　20. B　21. B　22. C　23. D　24. B

(二) 填空题

1. 减小,减小
2. 8×10^{-2}cm,$\frac{\pi}{4}$
3. $\frac{2\pi}{\lambda}(n-1)e$,4000
4. 3λ,1.33
5. $\frac{3\lambda}{2n}$
6. 3.87×10^{-5}rad 或 $8''$
7. 141
8. 590.3nm
9. 900
10. 明环
11. 2π,暗
12. 3
13. (1) 500；　(2) 2×10^{-4}m；　(3) 1.5×10^{-4}m
14. 500nm
15. 5
16. ±1
17. $2I$
18. $\frac{I_0}{8}$
19. 平行或很接近
20. $60°$,$\frac{9}{32}I_0$
21. 略
22. >,>,<
23. π,0
24. $\frac{hc}{\lambda_0}-\frac{hc}{\lambda}$

自测试卷一答案及评分标准

一、单选题(每题 2 分,共计 36 分)

题号	1	2	3	4	5	6	7	8	9	10
选择	D	A	C	D	C	C	D	A	C	D
题号	11	12	13	14	15	16	17	18		
选择	B	B	B	C	B	C	A	C		

二、填空题(每空 3 分,共计 24 分)

1. $\dfrac{m(g-a)R^2}{a}$　　2. 氧气　　3. $\dfrac{i}{i+2}$;　　4. $\dfrac{\lambda}{2\varepsilon_0}$;　　5. $\dfrac{2\mu_0 I}{3}$;

6. $y=A\cos\left[\omega\left(t-\dfrac{x}{\mu}\right)+\phi_0\right]$;　　7. 2λ;　　8. $\dfrac{hc}{\lambda_0}-\dfrac{hc}{\lambda}$

三、计算题(每题 10 分,共计 40 分)

1. (1) **答**:以杆和子弹为一系统,子弹与杆碰撞瞬间系统的守恒量是角动量。 (2′)

在碰撞结束后,杆向上摆动过程中,系统的守恒量是机械能。 (2′)

(2) **解**:以杆和子弹为一系统,子弹与杆碰撞瞬间系统角动量守恒,则有

$$Lmv=\left(\frac{1}{3}ML^2+mL^2\right)\omega \qquad (3')$$

$$\omega=\frac{3mv}{(M+3m)L} \qquad (3')$$

2. **解**:(1) 气体循环一周,对外所做的净功为图中三角形面积,有

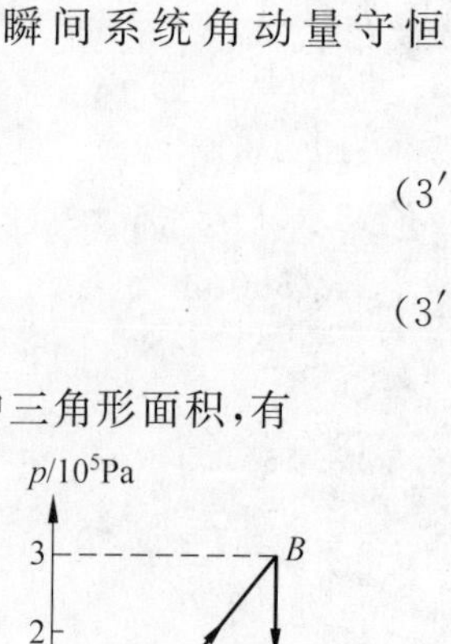

$$W=\frac{1}{2}(V_B-V_A)(p_B-p_A) \qquad (1')$$

$$=100(\mathrm{J}) \qquad (1')$$

(2) 只有 AB 过程气体从外界吸热,则

$$W_{AB}=\frac{1}{2}(V_B-V_A)(p_B+p_A) \qquad (1')$$

$$= 200(\text{J}) \qquad (1')$$

$$\Delta E_{AB} = \nu C_{V,\text{m}}(T_B - T_A) = \frac{3}{2}(p_B V_B - p_A V_A) \qquad (1')$$

$$= 750(\text{J}) \qquad (1')$$

$$Q_{AB} = W_{AB} + \Delta E_{AB} \qquad (1')$$

$$= 950(\text{J}) \qquad (1')$$

$$\eta = \frac{W}{Q} \qquad (1')$$

$$= \frac{100}{950} \times 100\% = 10.53\% \qquad (1')$$

3. **解**：(1) $\mathrm{d}\Phi = \boldsymbol{B} \cdot \mathrm{d}\boldsymbol{S} = \dfrac{\mu_0 I}{2\pi x} l\,\mathrm{d}x$ (2′)

$$\Phi = \int \mathrm{d}\Phi = \int_a^{a+b} \frac{\mu_0 I}{2\pi x} l\,\mathrm{d}x \qquad (2')$$

$$= \frac{\mu_0 I_0 \mathrm{e}^{-3t} l}{2\pi} \ln \frac{a+b}{a} \qquad (2')$$

(2) $\varepsilon_i = \left|\dfrac{\mathrm{d}\Phi}{\mathrm{d}t}\right| = \dfrac{\mu_0 I_0 l}{2\pi} \ln \dfrac{a+b}{a} \left|\dfrac{\mathrm{d}\mathrm{e}^{-3t}}{\mathrm{d}t}\right|$ (2′)

$$= \frac{3\mu_0 I_0 \mathrm{e}^{-3t} l}{2\pi} \ln \frac{a+b}{a} \qquad (2')$$

4. **解**：(1) $\Delta x = \dfrac{d'\lambda}{d}$ (2′)

$$= \frac{50 \times 10^{-2} \times 640 \times 10^{-9}}{0.4 \times 10^{-3}} = 8 \times 10^{-4}(\text{m}) \qquad (1')$$

(2) 光程差

$$\Delta = d\sin\theta \qquad (2')$$

$$\approx d\tan\theta = 0.4 \times 10^{-3} \times \frac{0.1 \times 10^{-3}}{50 \times 10^{-2}} = 8 \times 10^{-8}(\text{m}) \qquad (1')$$

$$\Delta\varphi = 2\pi \frac{\Delta}{\lambda} \qquad (2')$$

$$= 2\pi \times \frac{8 \times 10^{-8}}{640 \times 10^{-9}} = \frac{\pi}{4} \qquad (2')$$

自测试卷二答案及评分标准

一、单选题(每题 2 分,共计 36 分)

题号	1	2	3	4	5	6	7	8	9	10
选择	D	C	A	C	D	C	B	C	D	A
题号	11	12	13	14	15	16	17	18		
选择	B	C	B	D	B	D	A	C		

二、填空题(每空 3 分,共计 24 分)

1. $\dfrac{2mv}{(M+2m)R}$　　2. 0.1m/s^2;　　3. $<$;　　4. $\dfrac{q}{4\pi\varepsilon_0 r}-\dfrac{q}{4\pi\varepsilon_0 R}$;

5. $\dfrac{3\pi}{2}$;　　6. 变小;　　7. $>$;　　8. 6λ

三、计算题(每题 10 分,共计 40 分)

1. 解:$T-mg=ma$　　(2′)

$fR-TR=J\alpha$　　(2′)

$a=R\alpha$　　(2′)

$J=\dfrac{1}{2}m_0R^2$　　(2′)

解得

$$a=\frac{f-mg}{\frac{1}{2}m_0+m}=\frac{2(f-mg)}{m_0+2m}\qquad(2')$$

2. 解:(1) 气体循环一周,对外所做的净功为图中矩形面积,有

$W=(V_d-V_a)(p_b-p_a)$　　(1′)

$\quad=100(\text{J})$　　(1′)

(2) ab 和 bc 过程气体从外界吸热,则

$Q_{ab}=\nu C_{V,\text{m}}(T_b-T_a)$

$\quad=\dfrac{3}{2}\nu(p_bV_b-p_aV_a)$　　(1′)

$\quad=300(\text{J})$　　(1′)

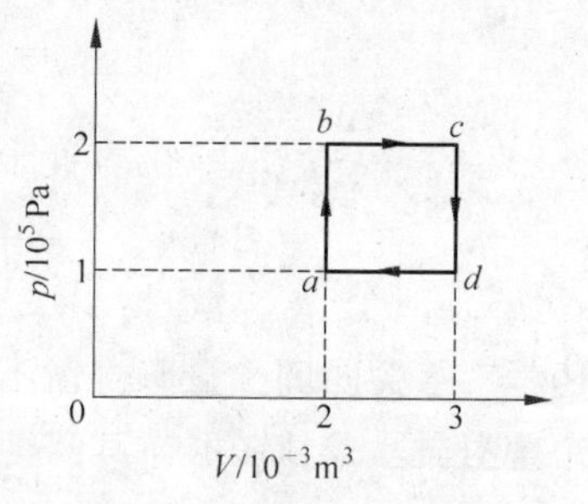

$$Q_{bc}=\nu C_{p,\mathrm{m}}(T_c-T_b)=\frac{5}{2}\nu(p_cV_c-p_bV_b) \quad (1')$$

$$=500(\mathrm{J}) \quad (1')$$

$$Q_{吸}=Q_{ab}+Q_{bc} \quad (1')$$

$$=800(\mathrm{J}) \quad (1')$$

$$\eta=\frac{W}{Q} \quad (1')$$

$$=\frac{100}{800}\times100\%=12.5\% \quad (1')$$

3. **解**：(1) 由静电感应可知

$$Q_{内}=-q,\quad Q_{外}=Q+q \quad (2')$$

(2) 球壳内表面上电荷分布不均匀，但离球心 O 的距离相等，都为 a，因此球壳内表面上电荷在 O 点处产生的电势

$$U_1=\frac{Q_{内}}{4\pi\varepsilon_0 a}=\frac{-q}{4\pi\varepsilon_0 a} \quad (2')$$

(3) 球心 O 点的电势为由点电荷 q、金属球壳内表面电荷和金属球壳外表面电荷产生电势的叠加。

点电荷在 O 点产生的电势

$$U_2=\frac{q}{4\pi\varepsilon_0 r} \quad (2')$$

金属球壳外表面在 O 点产生的电势

$$U_3=\frac{Q_{外}}{4\pi\varepsilon_0 b}=\frac{Q+q}{4\pi\varepsilon_0 b} \quad (2')$$

因此

$$U_O=U_1+U_2+U_3$$

$$=\frac{q}{4\pi\varepsilon_0 r}-\frac{q}{4\pi\varepsilon_0 a}+\frac{Q+q}{4\pi\varepsilon_0 b} \quad (2')$$

4. **解**：根据题意，由劈尖干涉原理，光程差为

$$\Delta=2n_2d \quad (2')$$

式中 n_2 为 SiO_2 的折射率。对应暗纹条件为

$$\Delta=2n_2d=(2k+1)\frac{\lambda}{2},\quad k=0,1,2,\cdots \quad (2')$$

$$d = (2k+1)\frac{\lambda}{4n_2} \qquad (2')$$

其中

$$k = 7 \qquad (2')$$

$$d = \frac{15 \times 600}{4 \times 1.5} = 1.5 \times 10^3 (\text{nm}) \qquad (2')$$